主厨秘密课堂

主厨笔记——铁板烧专业教程

日本柴田书店◎编

郑庆娜◎译

机械工业出版社
CHINA MACHINE PRESS

前言

铁板烧有三大特点：质量上佳的食材，简单但能充分体现食材本味的烹饪方式，以及厨师现场烹制的精妙动作。铁板烧在任何国家都非常引人注目并且诱人食欲。

本书内容包括铁板烧的基本技法，以及为适应现代饮食需要而发生的进化，还有不同主题的铁板烧和烹饪界关于铁板烧的最新资讯。

通过本书，希望大家能了解铁板烧行业的现状，并认识到在铁板烧料理的经营模式和细心周到的服务中，还存在哪些可提升之处。

目 录

Part 3
创意铁板料理

阅读须知

- 本书中的铁板的温度、加热的时间、食材的分量，会因为铁板的不同而有差异，书中数据仅作参考。
- 如果没有特别指出，油就是普通的植物油。
- 本书中的食谱配方仅列出了主料及部分配料，供参考。
- 鱼翅在中国不建议食用，书中鱼翅料理用的都是人造鱼翅。

Part 1

认识铁板烧

铁板烧指什么？想全面了解的话，首先要了解所需要的工具和技艺。这些细致入微的技艺是日本铁板烧主厨在摸索如何将世界闻名的和牛等食材煎得美味可口，使顾客得到美妙的品尝体验中一点一滴积累出来的。有些技艺，必须通过加热的铁板才能体现出来，不容错过。

铁板加热设备的基础知识

01 铁板的材质

铁板烧的铁板是什么？

铁板就是铁质的金属板，但不同于生活中常用的铁，铁板用的是铁碳合金，也就是钢铁㊀（Fe-C）。铁容易气化且缺乏柔韧性，加进了碳，强度既高又有柔韧性。

这种铁碳合金的钢铁，应用于很多建筑和土木工程中，是普通的 SS（Steel Structure）材，即 SS400㊁规格的钢铁。

有的铁板烧的铁板用了更昂贵的碳钢钢材 SC（Steel Carbon），如 S45C（含碳量 0.42%~0.48%）、S50C（含碳量 0.47%~0.53%）等。这种昂贵的材质与上述普通的 SS 材质相比，硬度更高，不容易产生刀痕，且不易被清洁工具磨损，使用寿命更长。

订制的铁板宽度一般为 0.45~3 米。有的铁板带残渣孔，有的不带；靠近厨师一侧的边缘的高度，也不一样。

㊀ 钢铁的含碳量在 0.02%~2%，含碳量越高，铁板越硬、越强韧；含碳量越低，铁板的柔韧性（延展性）越差。

㊁ 数字代表弹性系数牛 / 毫米 ^{2}，SS400 型的弹性系数为 400~510 牛 / 毫米 ^{2}，含碳量是 0.15%~0.2%。

02 加热设备

铁板烧的热源，分为燃气和电力。电力又分为电加热、低周波 IH、高周波 IH、碳素灯管等。让我们看看各自的构造和特点吧！

一、燃气式铁板

一直以来，燃气式铁板的样式始终如一，热源在铁板底下，炉灶有圆形的，以及加热范围更广的 H 形。铁板厚度是 16~25 毫米。

燃气式铁板价格比电力的便宜。铁板上的热源除了来自辐射热之外，受到排热的影响，铁板周边的温度尤其是厨师侧容易变高，会加大空调的运行负荷，油烟也很容易飘浮在空中。如果想要环境更舒适，可安装强排油烟系统。

同一块铁板内由于距离热源的远近不同，温度有很大差异。但有个好处是，一块铁板同时拥有高温区、中温区、低温区，适合不同的烹调方式，如果需要高温，可以手动调节。不过，厨师需要拥有高超的技术和敏锐的感觉。

使用未经淬火处理的生铁板制成的燃气式铁板，在使用前须进行“淬火”，即低温长时间慢慢加热来使之“熟化”，否则铁板会弯曲变形。

燃气式铁板

[侧面图]

圆形炉灶

H 形炉灶

铁板厚 16~25 毫米

燃气式圆形炉灶

燃气式 H 形炉灶

[俯视图]

圆形炉灶

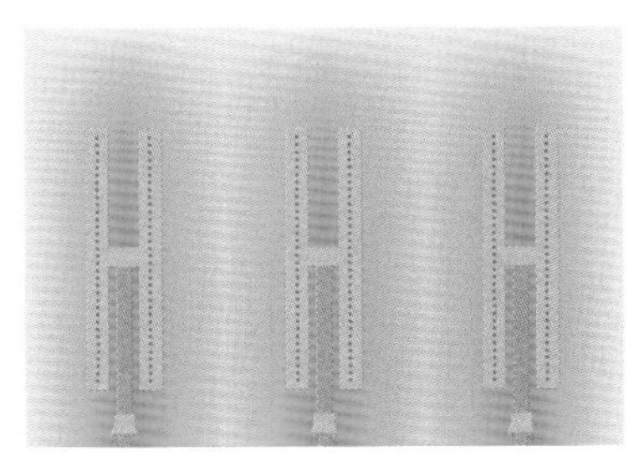

H 形炉灶

二、电力式铁板

电力式铁板比燃气式铁板贵很多，但效率更高，而且不会产生废气，可以使空气保持干净，空调运行负荷比燃气式的低，温度调节更简单精确。

1990 年左右电力式铁板价格开始变得经济实惠，而且可以自由组合设备，所以应用十分广泛。随后，IH 铁板也面世了，逐渐得到普及。

从 2003 年起，出现了使用碳素灯管作为加热器的铁板。

1. 电加热铁板

在铁板下方设置加热器，三面安装隔热板。

这种铁板是通过传导的方式将热力传送到铁板上，所以铁板的厚度最多 20 毫米，超过 20 毫米，铁板不容易加热，也不容易散热，不好调节温度。

铁板达到设定温度之后，即使关掉加热设备，隔热板中的热度在慢慢消散前，对铁板的热传导作用仍在持续进行，所以会出现热度过高的情况。为了避免这种情况，所以铁板加上了模拟式、数字式、微电脑式等方式的控制设备，价格也不同。

比起低周波 IH 铁板，模拟式电加热铁板的价格低 45%~50%，数字式电加热铁板的价格低 35%~40%，微电脑式电加热铁板的价格低 25%~30%。

电加热铁板有多种形状，适合不同的尺寸和功率，使用寿命也较长。

2. 低周波 IH 铁板

将电磁感应线圈接上电源之后，由铁芯产生的磁束会通过铁板产生电流，因为有阻力，所以铁板本身会发热。低周波 IH 铁板便是利用该加热原理。其他铁板都是间接加热，用热源加热铁板，铁板再加热食物，低周波 IH 铁板是直接加热，因为铁板本身就是热源。

低周波 IH 铁板的表面和背面几乎没有温差，铁板厚度可达 30 毫米，设定温度时，要设置得比需要的温度高 1~2℃。也因为其比较厚，所以储热功能也较好，温度下降得慢。

低周波 IH 铁板的价格在电力式铁板中是最贵的，但它用起来比较节约能源，而且经久耐用，使用寿命很长。

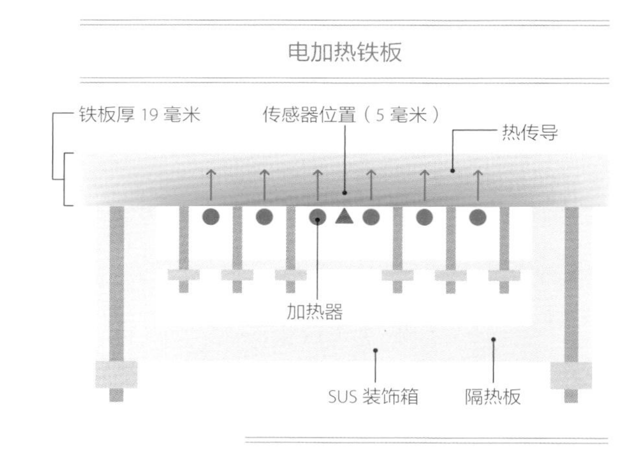

低周波 IH 铁板

[侧面图]

磁束

线圈

铁芯

铁板

[俯视图]

线圈

铁芯

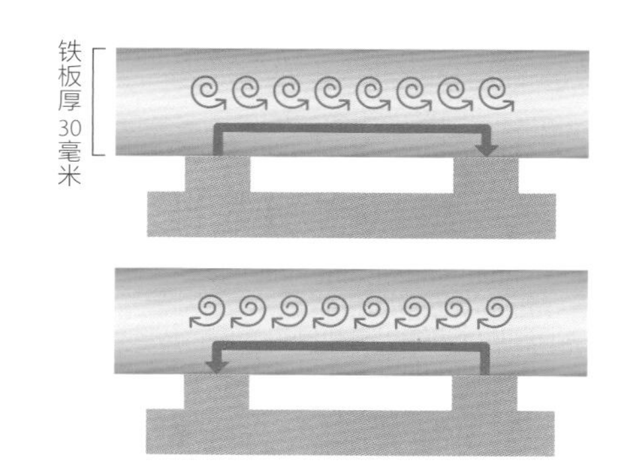

3. 高周波 IH 铁板

高周波是指通过逆变器（频率转换器）将电流的频率转换为 20~30 千赫的高频。利用非接触方式，在铁板背面安装螺旋状的电磁感应线圈，使高频电流通过该线圈，在磁通的作用下在铁板背面产生涡流，从而产生焦耳热。然而，由于磁通仅在铁板背面的表层流动，因此加热效果是局部的。

标准的用于加热锅具的螺旋状线圈会将热量导向环状区域，导致中心部分不会被加热。虽然这种方式可以有效加热锅具（引起水分对流）或用作铁板保温，但加热范围较小；此外，该种加热设备产生的热量容易积聚在下部，导致铁板温度较高；并且这种结构对热较为敏感，需要配备冷却风扇，但如果风扇吸入油雾，设备容易出现故障。因此不太适合铁板烧。

4. 碳素灯管铁板

碳素灯管是利用碳素纤维作为发热体来烤热铁板的间接加热式加热器。

每组加热器设置 3 根直管球，热量能够随意调节，铁板的厚度是 19~25 毫米。温度很快就可以达到所需，比电加热铁板节约 20% 的电力。碳素灯管的寿命为 5~10 年，所以必须定期更换。与 IH 铁板相比，价格低了约 30%。

高周波 IH 铁板

[侧面图]

铁板厚 20 毫米

运作线圈

磁束的电流

传感器

变压器

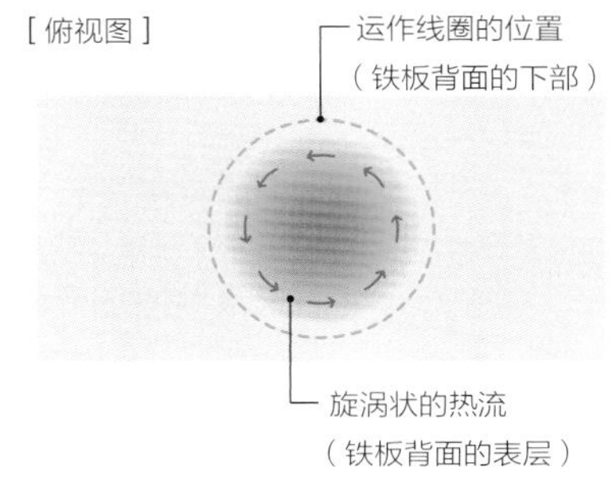

碳素灯管铁板

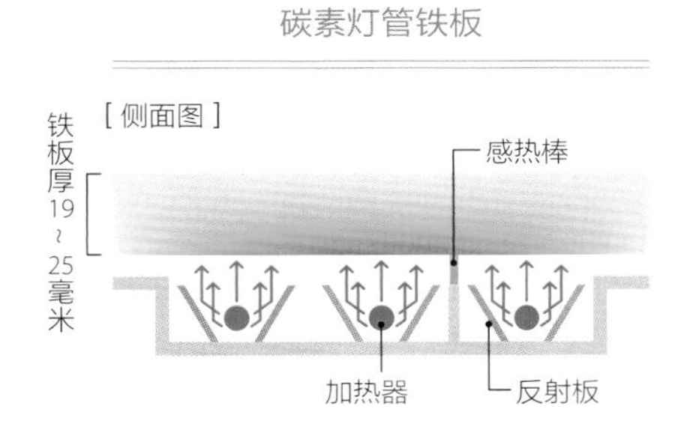

[俯视图]

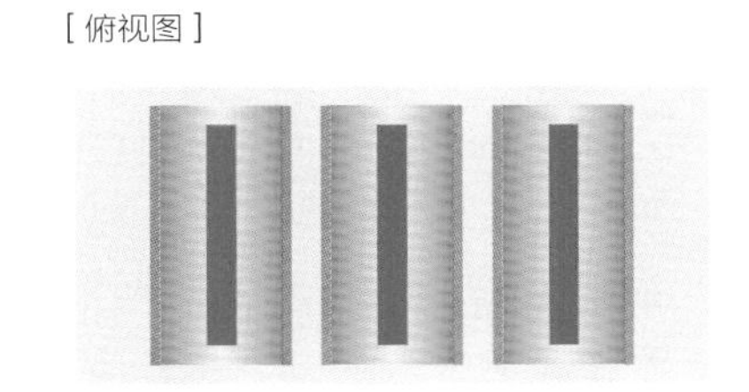

协助采访 / 海德克株式会社

1980 年利用电磁感应加热的技术制造出低周波 IH 油炸机。

1987 年开始生产并销售低周波 IH 铁板。

铁板保养的方法和诀窍

铁板是加热设备，也是直接接触食材的烹调工具。粘在上面的杂质要及时清除，每晚营业结束时必须彻底清理干净，方能使铁板保持良好的状态，延长使用寿命。

解说 / 中山慎悟（海德克株式会社 本社营业部部长）

■ 维护铁板清洁的器具

高温用百洁布

用于去除铁板上烧焦的食材，耐220℃高温，右上角为安装百洁布的把手。

低温用百洁布

用于研磨、抛光，比高温用百洁布的网目更细，使用温度为100℃以下，左下方是用于清理焦渣的清洁网布。

不织布百洁布

除了用于清洁铁板，也可以清洁其他设备，比低温用百洁布的网目更细，使用温度在100℃以下。

清洁铲刀

清除较硬的食物残渣，而且可以清洁角落。

■ 使用中的清理

将湿抹布横折成长方形，双手各执一把煎铲[一]按住湿抹布以纵向或椭圆形的方式擦拭烹调时使用过的铁板部分。或者用抹布包着冰块擦拭，或者在食物残渣上淋点水，放上折叠好的厨房纸巾，用煎铲按压擦净。如果是顽固性食物残渣，直接用煎铲用力铲（为免客人被油溅到，用湿抹布盖住煎铲）。

■ 使用后的保养——完全去除食物残渣

铁板关掉电源后，若在还很烫时清洗，就用高温用百洁布。如果铁板温度降到100℃以下，就使用低温用百洁布或不织布百洁布。

1 如果铁板上有焦渣，用一块新的（未磨损，摩擦力大）高温用百洁布或清洁网布清理干净。

2 在铁板上淋少许油，用旧百洁布（已使用过，被适度压扁、磨损，处于最好用的状态）或不织布百洁布，从铁板的一头到另一头，横向或纵向清理。

3 用百洁布压着厨房纸巾清理。

左 / 附着的污渍，用新的高温用百洁布清理。
右 / 用厨房纸巾擦掉铁锈，淋少许油，清理整块铁板。

[一] 煎铲的样式详见 16页。

4 容易被忽略的四个角和边框里的食物残渣，可以使用清洁铲刀清理，每天都必须清理一遍。

上方左图是擦拭整块铁板时，适合使用已经用过四五次的高温用百洁布。平均用力纵向清洁。上方右图是清理干净的铁板。

营业前的准备——清理得干净铿亮

第二天，铁板的水渍干了以后，头一天清理时使用的油会成为一层膜覆盖在铁板上。如果直接烧烤食物，食物容易粘在上面烧焦，所以必须擦净以后再使用。

1 为了方便清理，将铁板的温度加热到 50~70℃。

2 淋少许油，用低温用百洁布清理。

3 用厚厨房纸巾或干净的抹布擦拭，擦干至平滑即可使用；如果想抛光铁板，使其更光滑，可以用不织布百洁布擦拭，效果更好。

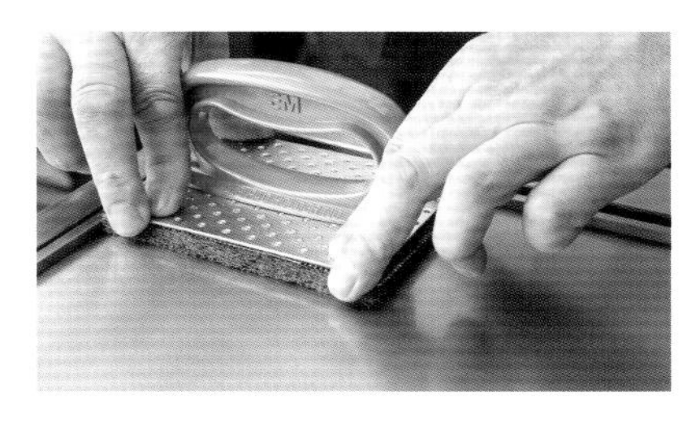

在 100℃以下清理时，用低温用百洁布，从铁板的一头到另一头均匀用力擦拭。

不织布百洁布比低温用百洁布网目更细，可以擦拭得更光滑。

» 烹调过面食或油炸食物时的清理

完成烹调后，铁板温度下降到约 100℃时，用低温用百洁布把碱性专用清洁剂涂抹在铁板上，淋上适量水使它乳化，然后擦拭。擦净后，先用水清洗一遍，然后用干抹布吸干水。使用前将铁板加热到 50~70℃，涂上薄薄一层油。

小诀窍

纵向打磨？还是横向打磨？

铁板的纹路是横向的。如果想要打磨出像全新铁板的效果，适合横磨。另一方面，短距离打磨的操作更方便，所以纵向打磨的餐馆也很多。

不论采用哪种方式，都要注意：经常会出现打磨时只在污渍中心用力的现象，时间长了，中心部分会比别的部分磨损得更严重。所以横磨的话，即使铁板有 2 米的长度，也要平均用力，一口气从一头打磨到另一头。如果是纵磨的话，从一头开始，可以一边依次数着“1、2、3”，一边平均用力打磨铁板。

此外，纵磨时，在上下打磨结束的地方，容易变得不平滑，解决方案是，在上下边缘处横磨，消除不平滑的现象。有时候也可以变化一下，以斜向的方式打磨铁板，产生网格的纹路。

横磨好的铿亮的铁板。

先纵磨，上下边缘横磨。

铁板烧的必备工具

1.

2 a.

2 b.

1. 刀子、叉子

若提供牛排，刀叉是必备的。

在铁板上切割食材不是用推切法，而是用拉切法，为避免刮伤铁板，所以一般选用刀身细长且刀刃不锋利的切肉餐刀，而非西式厨刀。特殊情况下，为了快速切割食材，也会选用西式厨刀用于铁板切割，为了避免刀尖刮伤铁板，不需要将西式厨刀磨得太锋利，刀身中段能顺利切开食材即可。

两个齿的叉子称为肉叉、切肉餐叉。虽然尖端有些尖锐，但主要用途不是插入肉中，而是用来按压肉或海鲜，或给食材翻面，确认蔬菜熟度的触感。

肉叉的两根齿，有弧度的比没弧度的更方便使用。

2. 煎铲

平的三角形煎铲也称为刮刀。铲面至铲柄之间弯曲的煎铲又叫曲吻煎铲或抹刀。煎铲可以将油平均分布在铁板上，将废料铲除，将油浇在食材上，给食材翻面，确认食材的触感，分切盛盘等，用途十分广泛。有的厨师会将煎

享用铁板烧时，客人会观察厨师上下翻飞的动作，除了煎烤之外，分切、翻面、盛盘，都用工具来完成，所以工具是厨师展现其精妙手艺的窗口。尽量不要使用太多工具，使用少数工具来完成烹饪所需。用铁板烧专用的器具完成各式各样的作业、烹调工作，正是铁板烧的精粹，所以厨师一定要选择趁手的工具。

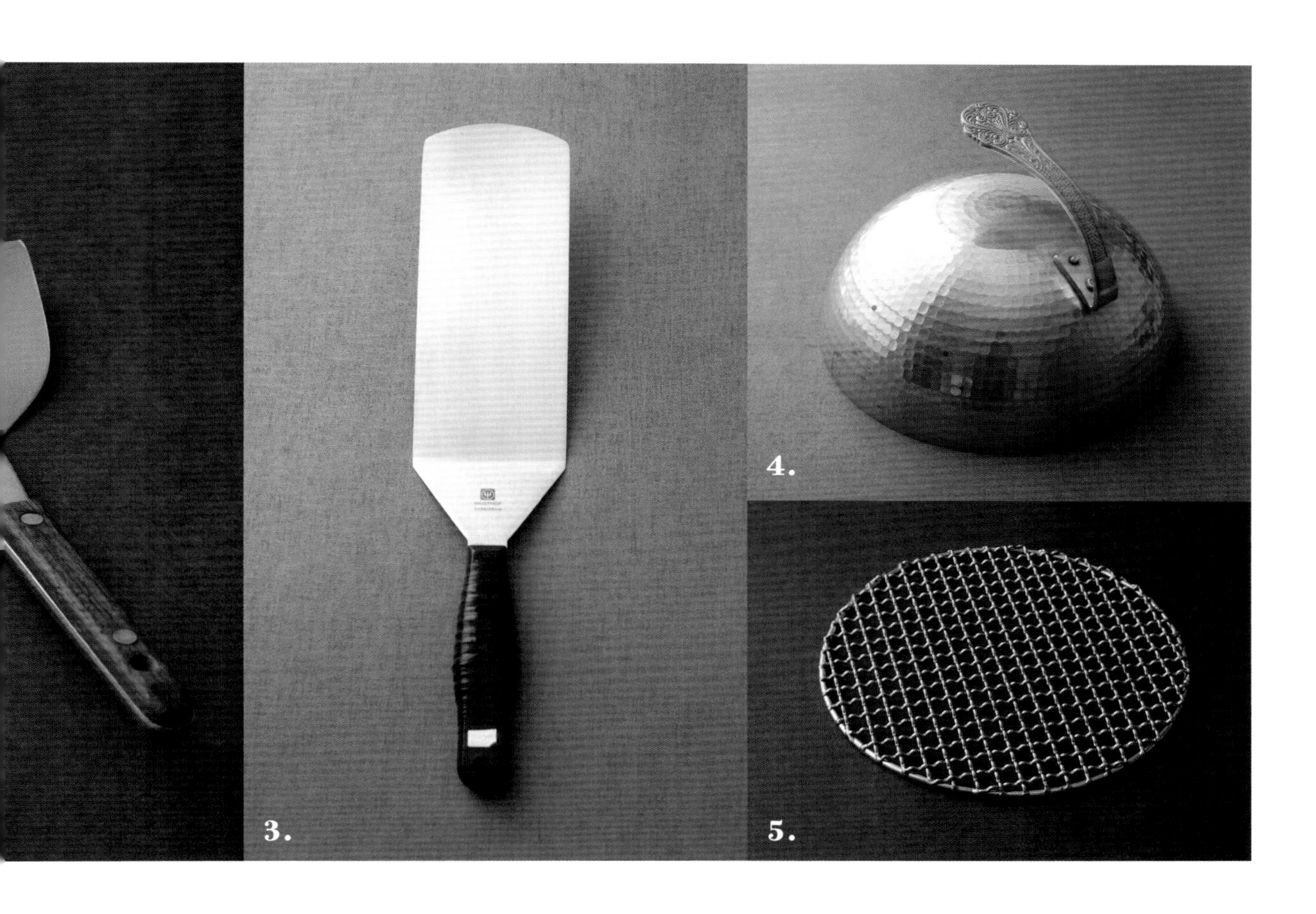

3.

4.

5.

铲的前端磨薄，改变调整形状。不同的煎铲碰到铁板发出的声音会不一样，对于追求用餐氛围的高级餐厅，一般会选择发出声音较小的煎铲。

3. 长板铲

长板铲常用来移动较大的肉或鱼，或者按压食材贴合铁板，或者铲起肉让油迅速流出。不同厨师喜欢不同的组合，有人喜欢长板铲和肉叉，有人喜欢煎铲和肉叉，还有人喜欢两个规格不同的煎铲。

4. 铜盖

在焖煎或烟熏时可以把这个圆形的铜制盖子盖上，也有不锈钢材质的，还有形状为方形的盖子，但高级餐馆很青睐这种华丽的圆形铜制盖子。但它很容易生锈，每天都必须擦拭保养。它的把手不会烫，但多少也有点热度，可以根据把手的热度推测食物的熟度。

5. 烧烤网

可用来放置要烟熏的食材，或者把烤好的肉放在上面静置。

铁板烧的基本技术

铁板烧并不仅仅是用铁板把食材煎熟，在烹饪过程中不仅要判断加热的程度，还要在铁板上分切、盛盘等。这一整套烹调活动都要顺畅且优雅地进行，并且要有鉴别食材熟度的眼光和利落的动作。下面以具体食材举例，从食材在铁板上处理、煎制、盛盘的全流程来阐述铁板烧大厨在工作中练就的一身绝技。

烹调·解说/小早川 康
协助/海德克株式会社

01 黑毛和牛

黑毛和牛是什么品种?

黑毛和牛是日本最为知名的品种，最大的特征是肉里的脂肪分布有着大理石纹路，即日本有名的“霜降牛肉”。黑毛和牛的饲养较为精细，通过特别的饲养方式，使肉质、脂肪的分布达到理想的状态。日本的牛肉以精肉率（A~C）、中心肉质（1~5），以及脂肪分布状况（1~12）来评定等级（如A5-12），不过这些都是从外观方面，而不是味道方面的评价。

近年来，人们对于刺身肉的认可度逐渐提高，改变了以前只追求霜降牛肉的热情。现在追求的不是有漂亮的脂肪分布就好，而是肉本身的品质和味道。也有些农场主甚至“从牛活着时就开始让肉熟成”，将牛饲养到30月龄以上（一般是28月龄），有时达到45月龄。判断牛肉是否美味的标准变得更多了，牛肉的等级不仅仅在于味道和品质，而是由牛的品种及农场主来决定，这是销售商与大厨们公认的。

牛肉的脂肪熔点低

黑毛和牛的瘦肉、脂肪都各有独特的柔嫩度与丰醇的风味，特别是经过长时间饲养的牛肉，脂肪的熔点低，入口爽滑。在常温中放置的肉，表面会渐渐出现光泽，大厨们认为，让肉的表面温度回温至常温后再煎制，味道比较好。如果冷藏的肉刚拿出来，立即高温煎烤，肉质会收缩变硬，没有柔嫩的口感。

油和盐的用法

盐的第一种用法是：在肉的两面撒上盐、黑胡椒碎后，立刻开始煎烤；第二种用法是：先煎烤，再用盐、黑胡椒碎调味；第三种用法是：先撒盐再煎烤，最后撒黑胡椒碎。肉撒盐后，会渗水，黑胡椒碎一煎就会变焦。要如何利用该现象和效果，每个厨师有不同的做法。

铁板烧用的油，有牛油、蒜油、植物油（无特殊气味的）等。牛油富含脂肪，其鲜味是否可以增加口感？用蒜油是否有香气加倍的效果？到底哪种植物油能够充分使肉散发香气？要根据牛肉的具体部位、品质和状态，以及客人的要求来选择。

沙朗牛排

沙朗牛排肥瘦比例均衡，煎得完美的沙朗牛排鲜美多汁，筋道度和柔嫩度平衡。以往沙朗牛排都是切成很大一片，现在的主流做法是保持牛排原来的厚度切块。

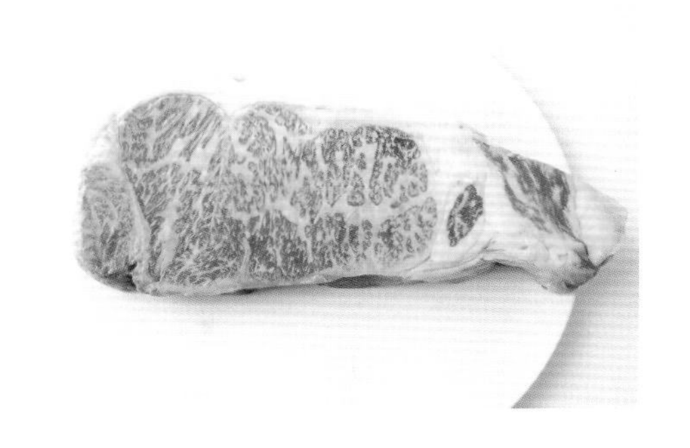

1

在牛排的一面撒上盐、黑胡椒碎。

2

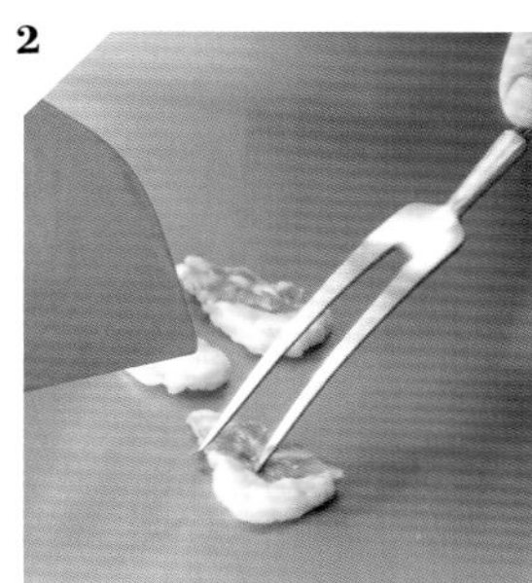

将边角肉切成小片，放在 200℃ 的铁板上煎。

3

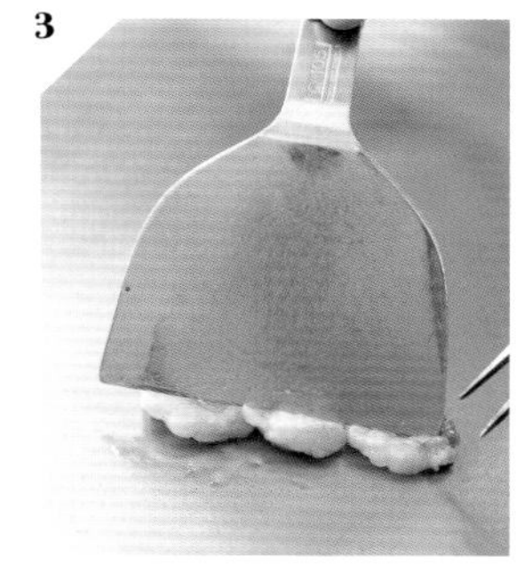

用煎铲按压边角肉片，使油脂流出。

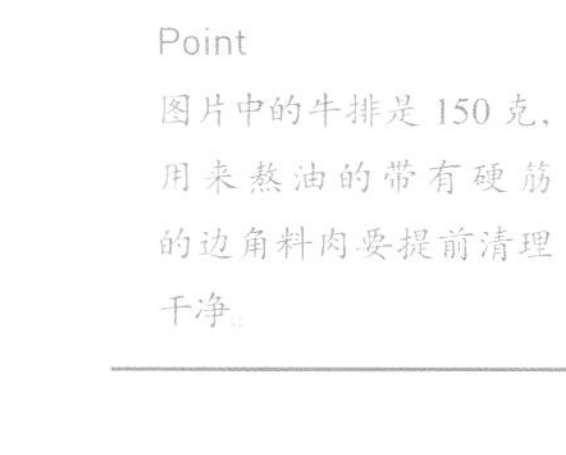

Point
图片中的牛排是 150 克，用来熬油的带有硬筋的边角料肉要提前清理干净。

4

用肉叉和煎铲把牛排翻过来。

5

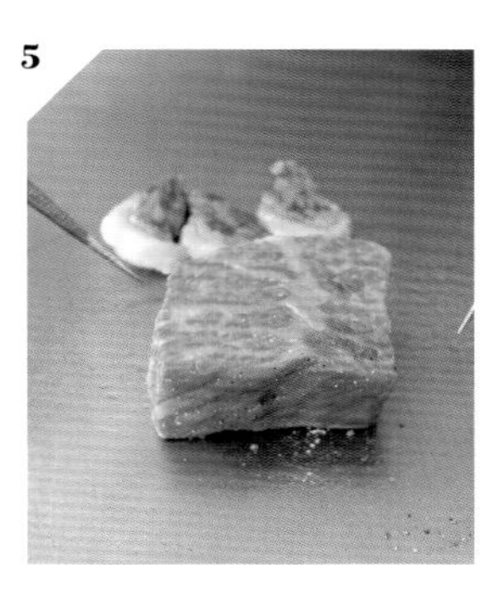

牛排调味的一面朝下，放在边角肉片熬出的油脂上面。

6

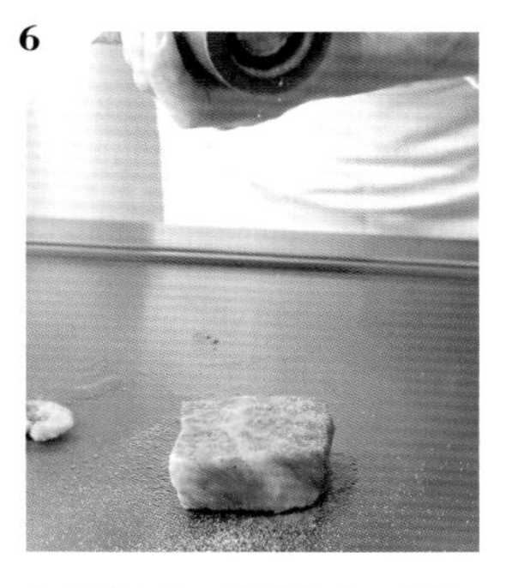

牛排朝上的一面撒上盐、黑胡椒碎。

Point
处理食材的全过程中，都不要用手碰触食材，用煎铲和肉叉夹取或移动食材。

7

稍微移动牛排，用煎铲将周围多余的盐、黑胡椒碎收拢后去除。

8

将底部煎至变硬上色后翻面。

9

另一面同样煎至变硬上色。

Point
煎肉时，要轻轻按压，两面都要煎成漂亮的焦黄色。

10

稍微移动牛排，将流出的油脂集中起来铲除。

11

两面煎硬后，将牛排从高温区往温度稍微低的区域移动。

12

上下翻面 2~3 次，慢慢加热。

> Point
>
> 牛排两面都煎上色后，就要在温度稍低的区域加热中心部分，可以通过侧面的颜色来判断熟度，还可以用煎铲按压牛排，感受弹性来判断熟度。

13

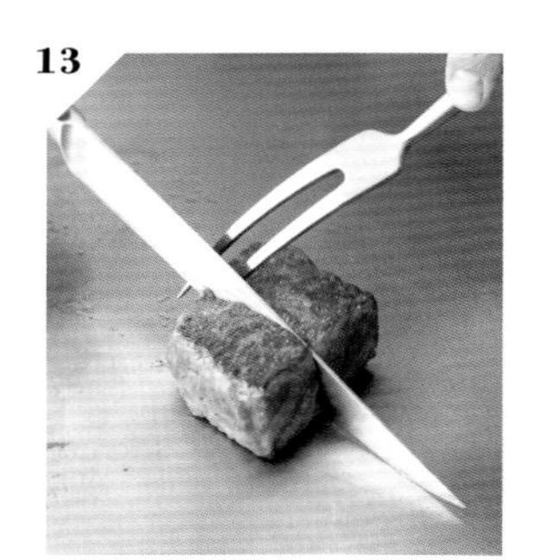

切成两半。

14

立刻将切面朝下煎 5 秒。另一侧也煎 5 秒钟。

15

牛排切面朝上放在铁板的边缘处，静置一下。

> Point
>
> 将牛排切开后，肉汁会从切面流出，所以要迅速将切面煎硬，然后移到低温区静置一会儿，也要偶尔翻面。

16

上桌前放到高温区域，迅速将各面加热，然后切成一口大小。

17

用煎铲和肉叉配合盛盘。

菲力牛排

菲力牛排纹理细致，这个部位活动量不大，所以不会太筋道，肉质柔嫩，要慢慢加热以免破坏肉质的柔嫩度。大火会使纤维紧缩，所以表面煎硬后，要不断翻面，慢慢煎熟。

1

在菲力牛排的一面撒上盐、黑胡椒碎。

2

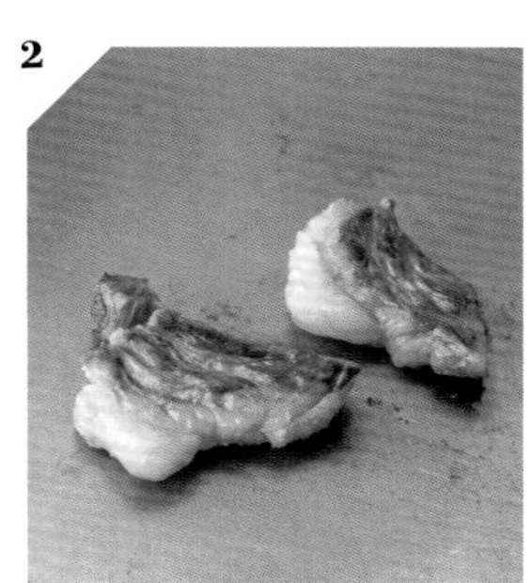

将边角肉切成小片，放在 200℃ 的铁板上煎，用煎铲按压边角肉片，使油脂流出。

3

菲力牛排调味的一面朝下，放在边角肉片熬出的油脂上，牛排朝上的一面撒上盐、黑胡椒碎。

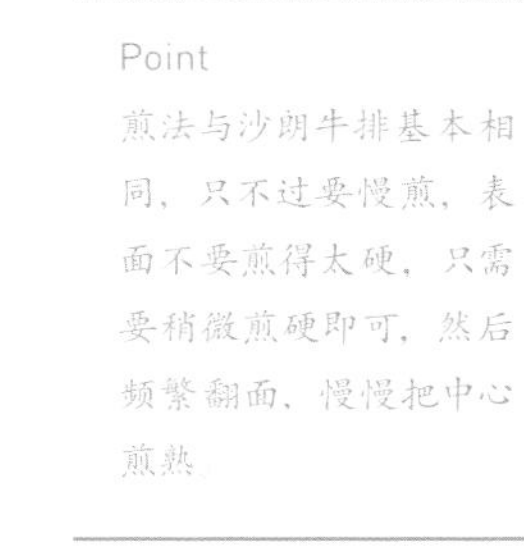

Point

煎法与沙朗牛排基本相同，只不过要慢煎，表面不要煎得太硬，只需要稍微煎硬即可，然后频繁翻面，慢慢把中心煎熟

4

稍微移动牛排，用煎铲将周围多余的盐、黑胡椒碎收拢后去除。

5

频繁地翻面后，移到铁板的边缘低温处静置。

6

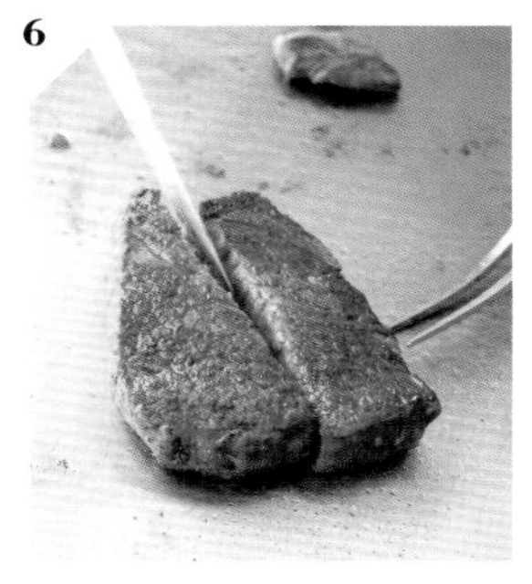

切成两半。

Point

步骤 6 切开的牛排，左边味道温和，右边是肋骨侧，味道浓郁，盛盘时要平均分配

7

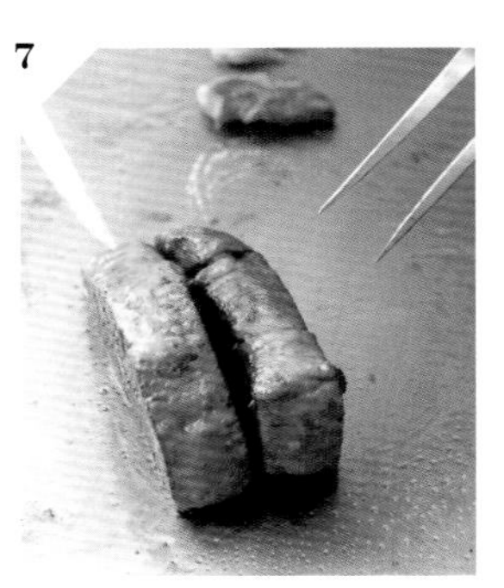

迅速地煎一下切面，不用再静置了。

8

切成一口大小。

02 车虾

用活虾直接上铁板煎

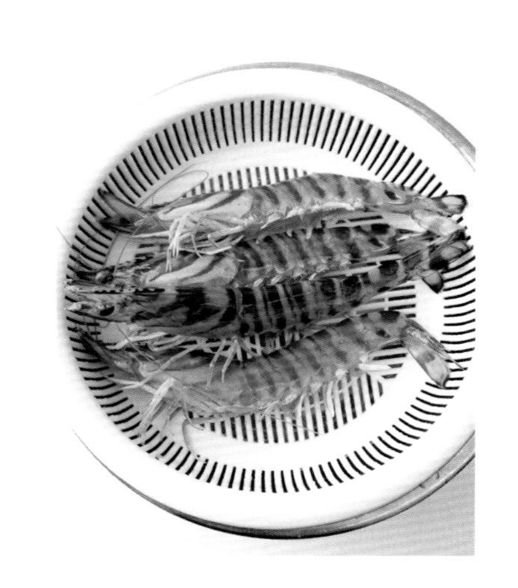

做铁板烧的车虾（又叫日本对虾、玫王节虾、竹节虾），要外观漂亮饱满、单只重量50克以上。这种规格的车虾大部分都是雌虾，腹侧多半有交尾栓附着，这部分比较硬，吃时又容易扎到嘴，所以要事先摘除。

由于是活虾烹调，因此虾会乱蹦乱跳。向客人展示食材时，先用铜盖盖住，使车虾处于黑暗中，车虾此时不会乱蹦，把握好时机给客人展示。在铁板上煎时，虾受热会乱蹦，会造成油四处飞溅，烫到客人，为了避免此种情况，一开始煎时不要用油。

精准的时间与扎实的手艺

铁板烧煎虾的关键是：虾身不要过度加热，要保持虾肉柔软的口感，虾头和虾脚要煎得焦脆。除了把握好煎制时间，还要求正确地使用刀叉去壳，技术含量较高，所以要勤学苦练方能掌握。

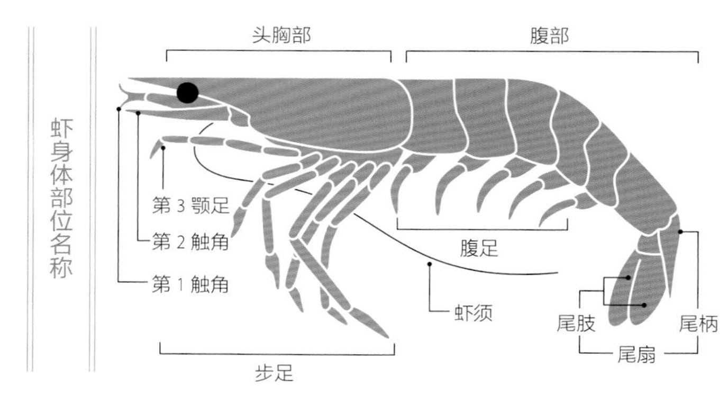

1

将虾须剪成合适的长度。

2

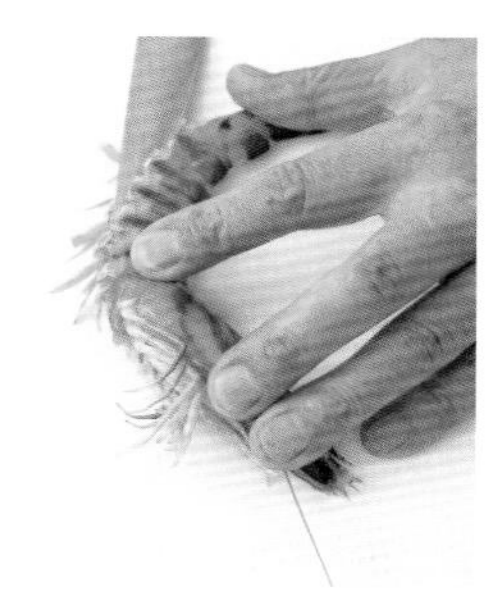

用刀尖从虾头部往虾尾（从腹部一侧的虾壳下刀）划开，分开虾壳和虾肉。

3

立起刀尖，在虾身与虾尾的连接处划一刀。

Point

先把虾须剪短再展示给客人，因为虾须太长会超出盘边，不卫生。

4

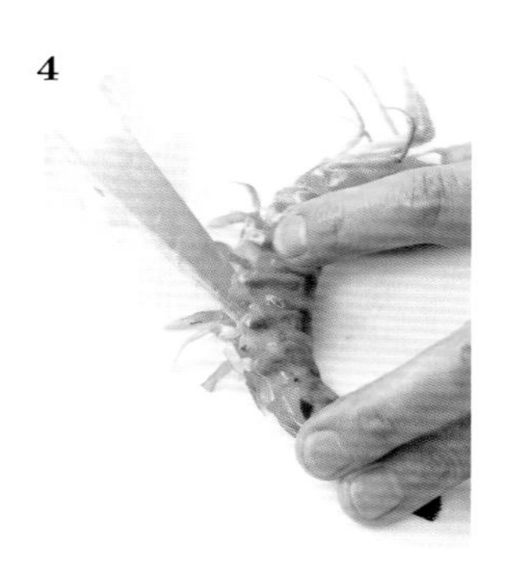

重复步骤 2，切开另一侧虾壳和虾肉的连接处。

5

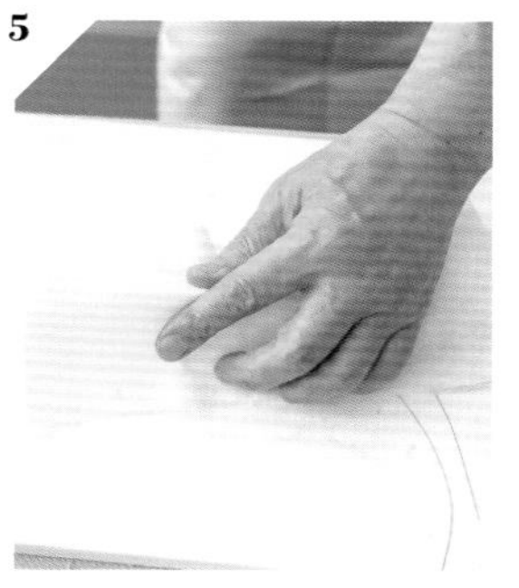

用厨房纸巾吸干水。以上是预处理。

6

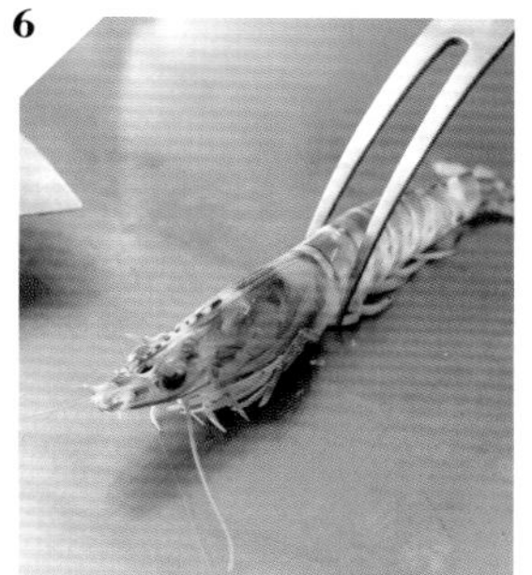

将虾放在铁板上煎，用肉叉固定住防止虾乱蹦。

> Point
> 将活虾放铁板上时，先用肉叉固定，再用煎铲铲起放铁板上。虾煎一会儿再放油。

7

用煎铲压住虾的第一对触角，煎至变色。

8

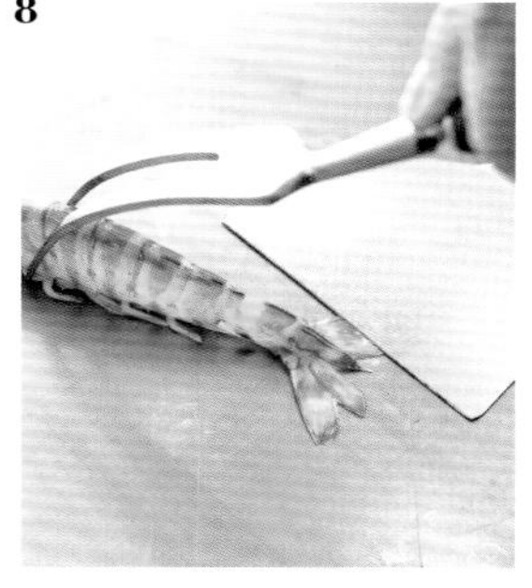

用煎铲压住摊开的尾部，煎至变色。

9

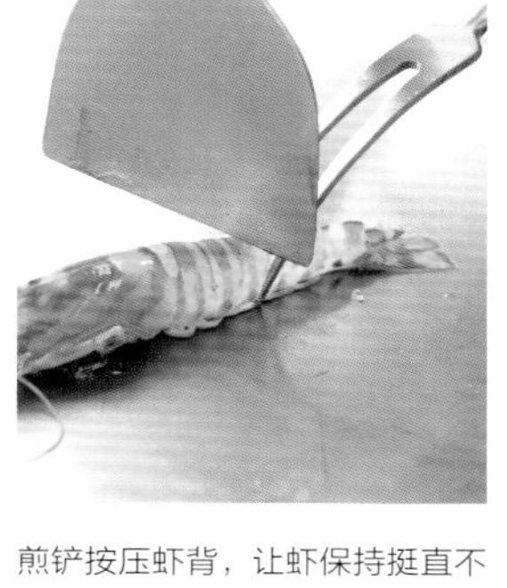

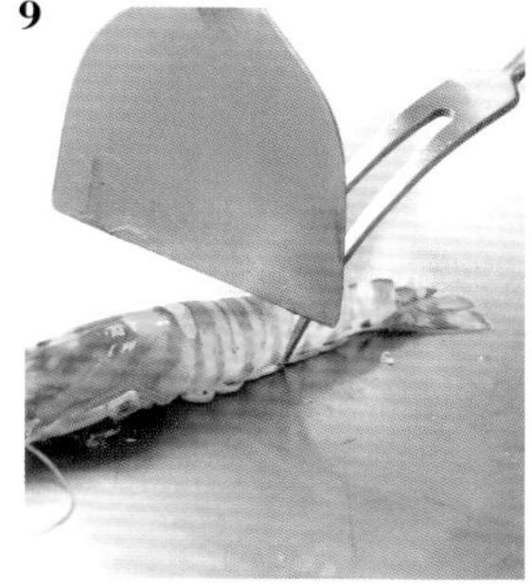

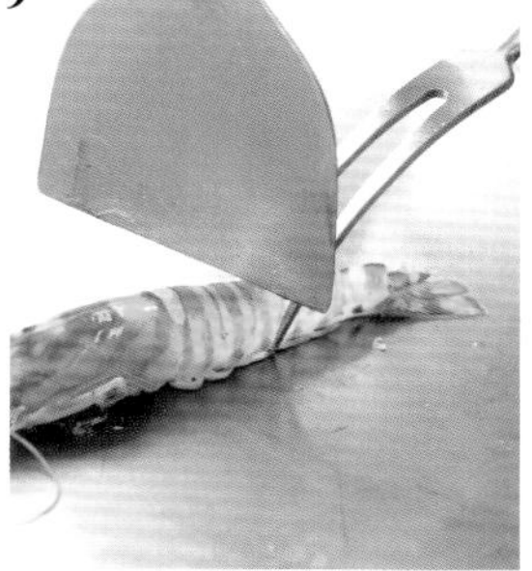

煎铲按压虾背，让虾保持挺直不弯曲。

> Point
> 不论是触角还是虾尾，每一部分都要按压在铁板上煎。

> Point
> 为了避免虾受热变弯，要用力按住虾背，使虾腹紧贴铁板。

10

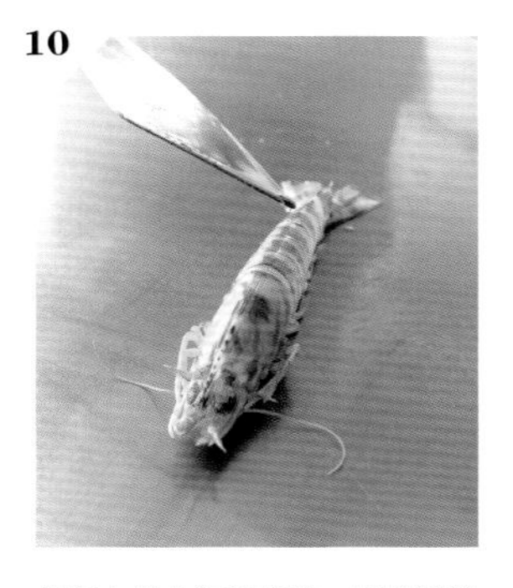

铁板上倒少许油烧热，用煎铲铲起，往虾上淋。

11

在虾旁放少许水，盖上铜盖。

12

待水蒸气咕噜声消失后，打开铜盖。

> Point
> 煎时淋热油，可使虾进一步散发香气。

13

这是打开铜盖的状态。

14

移到低温区，虾头朝着厨师。

15

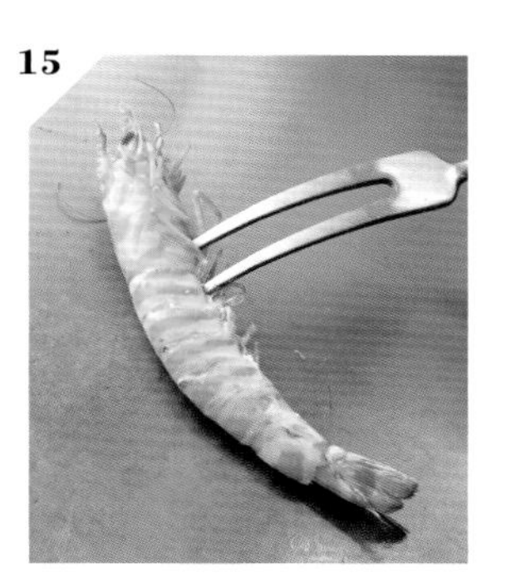

将虾侧放，用肉叉插在腹部的前脚处。

> Point
> 将虾腹煎至变色，然后盖上铜盖焖煎（1~1.5 分钟）至虾身变直。在步骤 13 中，虾内部还只是半熟，接下来用余温煎至刚熟。

16

将餐刀插入虾头部的壳和肉的连接处，去除虾头部的壳。

17

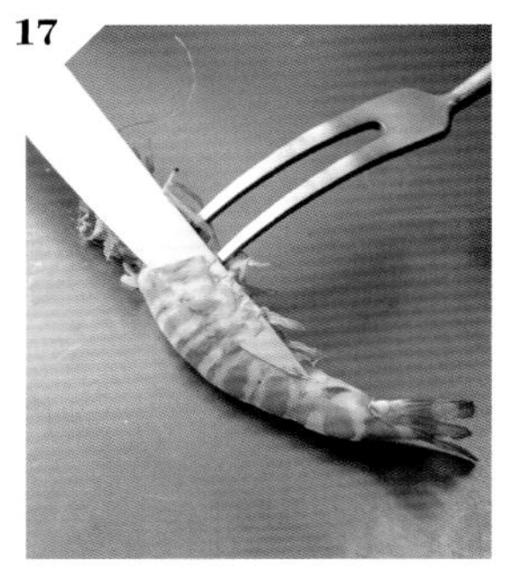

餐刀插入虾壳与虾腹肉之间。

18

去除虾身的壳。

Point
先去除头部的壳。因为虾肉里的头部与身体相连接，所以一边用肉叉按住，一边用餐刀剥下来。头部的虾壳要扔掉。

19

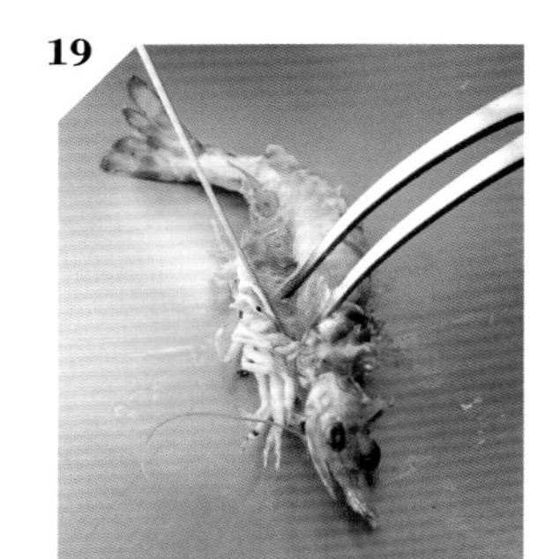

转个方向，把虾脚扯下来。

20

将虾头切掉。

21

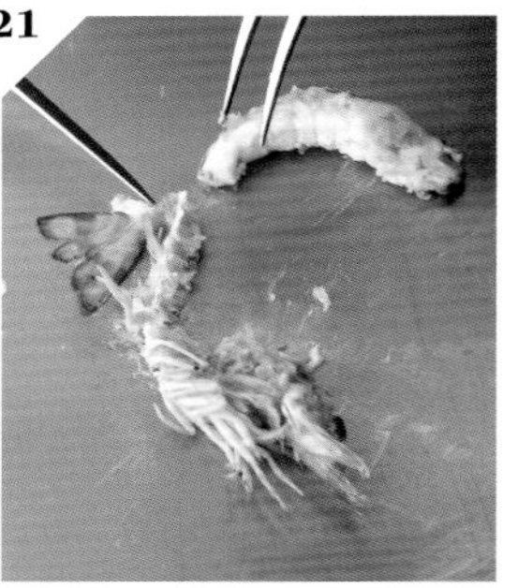

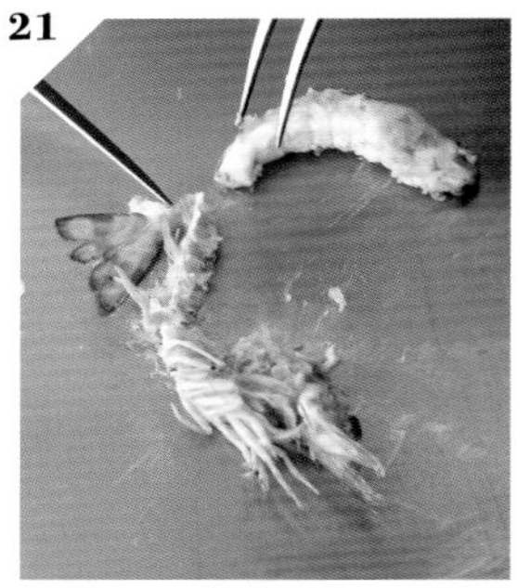

所有的虾脚和尾部的壳都剥下来。

Point
虾头和虾尾还可以用，不要丢弃。

22

虾头、虾脚、虾尾放在铁板的边缘处备用。

23

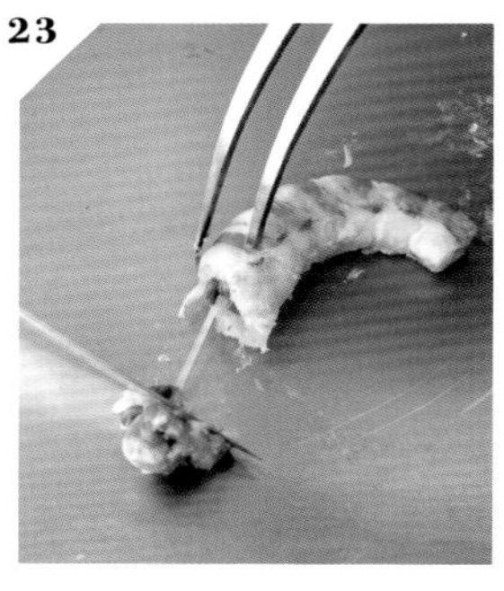

将虾身翻面，切下虾头部的虾膏。

24

虾背划开。

Point
切除虾壳的同时虾还在煎制中，所以中途要翻面。

25

挑除虾肠。如果有卵巢，取出与虾膏放一起备用。

26

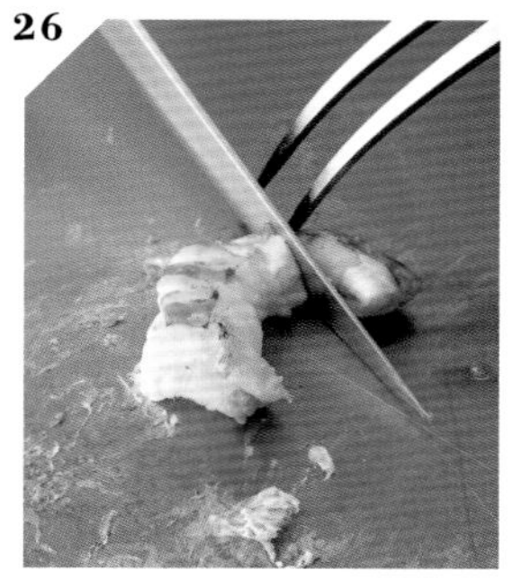

将虾身切成一口大小。

27

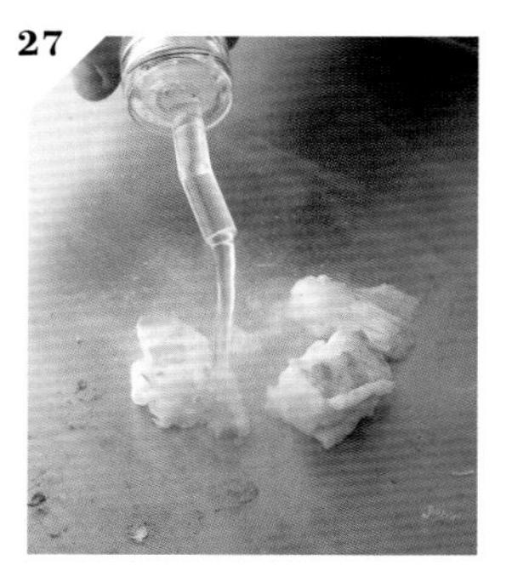

浇上少许白酒以去腥增香，盛盘。

Point
虾膏先放在铁板的边缘处备用。

Point
铁板煎车虾，每一只都要用心煎制。如果一次煎一两只，放在高温区煎制；如果一次煎很多只，为了避免来不及翻面而使虾肉过熟，就放在中温区煎制。

28

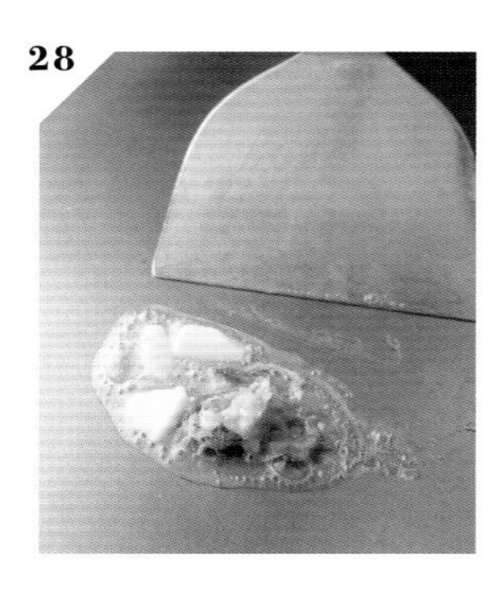

在铁板中温区放上黄油使其熔化，然后放上虾膏和卵巢。

29

散发出香气后，加盐、黑胡椒碎、柠檬汁。

30

淋在虾肉上，即可上桌。

Point
在客人品尝虾肉时，煎虾头、虾脚、虾尾等。

31

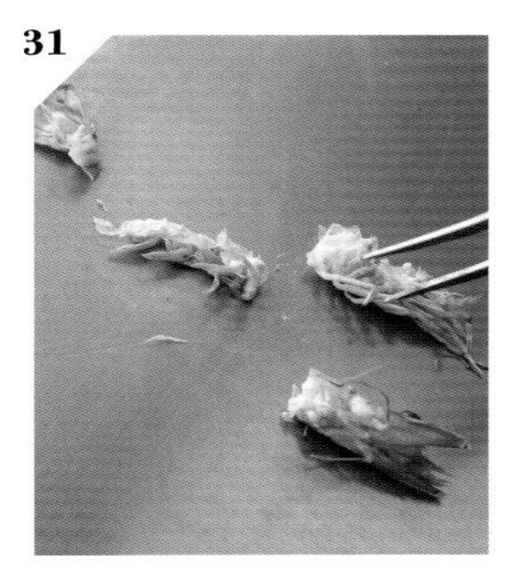

将之前切下来的虾头、虾脚、虾尾移到铁板的中温区。

32

倒油，把虾头、虾脚、虾尾煎香。

33

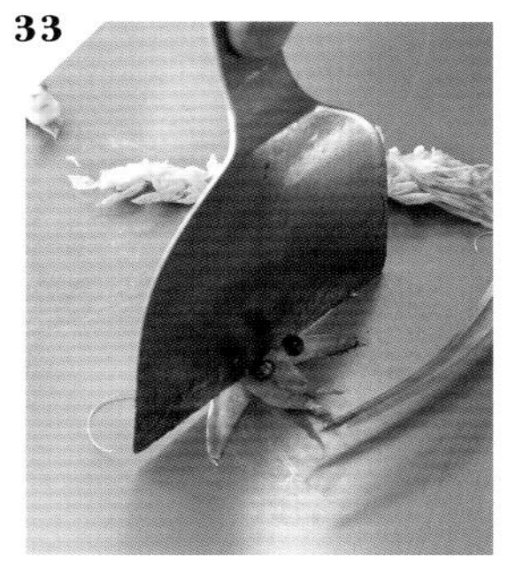

切除头部的硬角和眼睛。

Point
每个部位都要切除不易食用的硬的部分，用煎铲适度按压，充分加热。头部的虾嘴，如果很大就切除，如果大小合适，就充分煎熟煎脆。

34

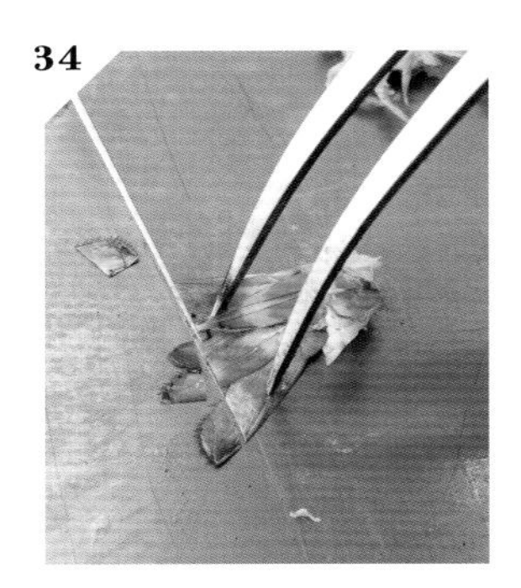

尾部的末端很硬，也切除。

35

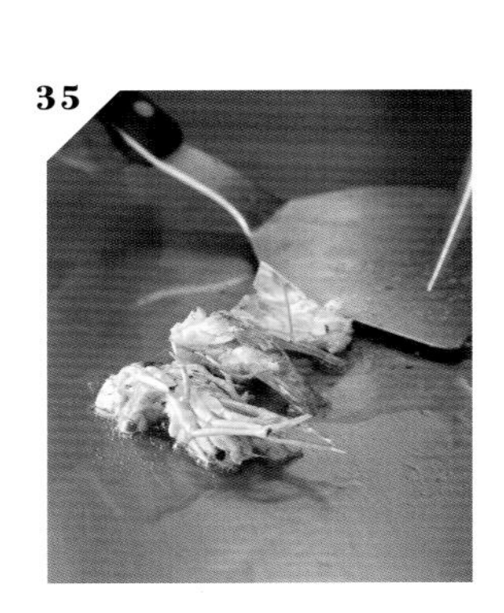

用煎铲按着虾脚和虾尾，煎至酥脆。

03 鲍鱼

以口感柔嫩为目标

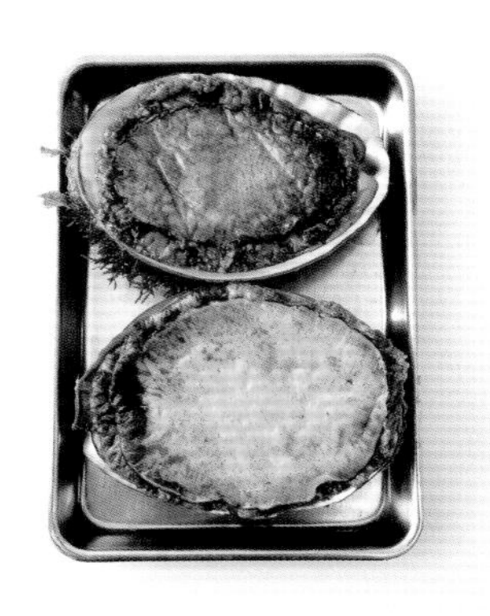

图示为日本产的黑鲍鱼。鲍鱼一旦脱壳，肉就变硬，所以直接带壳煎。

鲍鱼的特点是加热后，鲍鱼肉会反复变软、变硬，所以制作时，要把握好最初变软的时机，在此时上菜。烹调结束后，鲍鱼应该处于还有些许生的状态，这是最完美的状态。现烹活鲍鱼，在最美味的时机上菜，这正是铁板烧最棒的地方。

不同品种和大小的鲍鱼差别很大，加热的方式、收缩的效果、肉质变软的速度都不同。厨师要具体问题具体分析，根据鲍鱼的特点来调整烹饪状态，这需要一定的经验。

此外，价格适中的虾夷鲍个头小，肉质柔嫩，适合煎熟后切分，沾裹黄油吃，这种煎烹方式不需要太多的技术含量，比较容易。

1

先倒油在铁板的高温区，然后放上带壳鲍鱼。

2

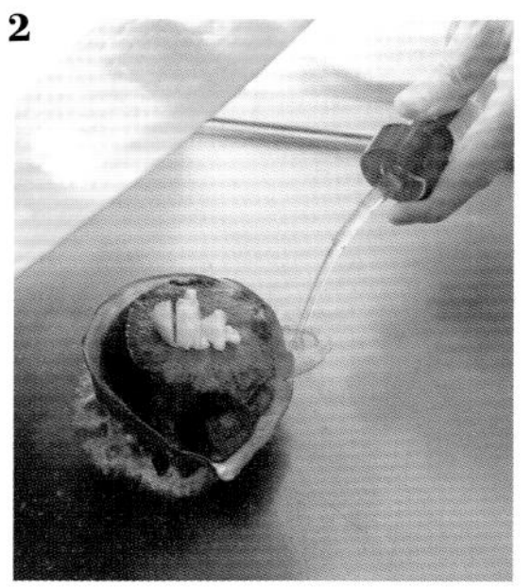

取黄油放在鲍鱼肉上，然后在铁板上放少许水。

3

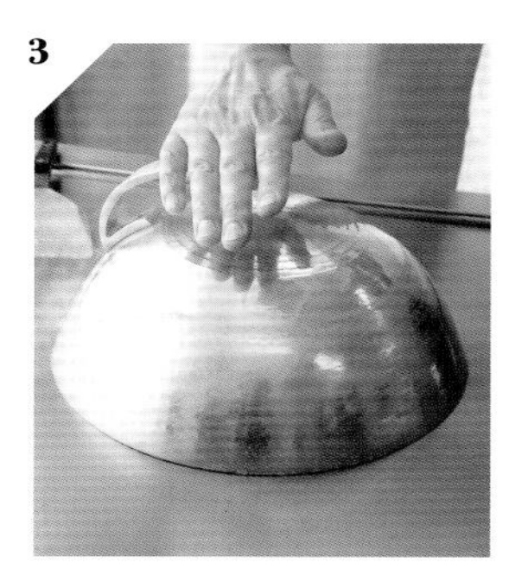

盖上铜盖，焖煎 2.5 分钟。

Point

如果铁板上不倒油，直接放上带壳鲍鱼，鲍鱼壳中含有的盐会粘在铁板上，所以要先倒点油在铁板上。要判断焖煎状态，打开铜盖观察鲍鱼肉是否饱满，或用肉叉插入的触感来判断。

4

将肉叉插入鲍鱼的嘴旁边，然后插入餐刀。

5

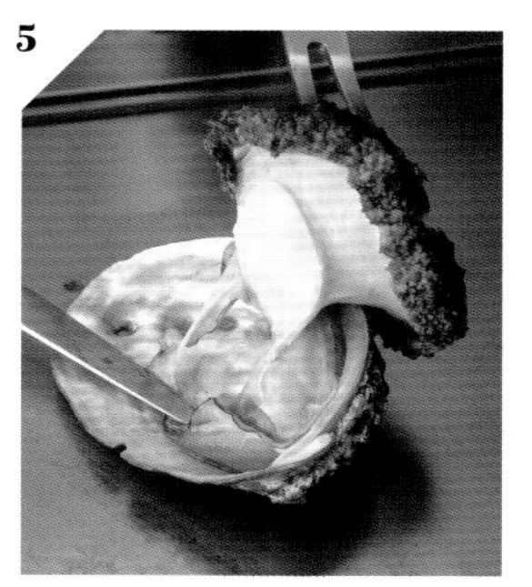

切开贝柱，取下鲍鱼肉。

6

切下鲍鱼肝。

Point

鲍鱼肉熟后取出的方法：将肉叉插入鲍鱼嘴的一侧，固定住外壳，将餐刀尖插入鲍鱼肉与壳之间，转动餐刀起出鲍鱼肉。然后将餐刀插入鲍鱼肝的另一侧切断。

7

取出的鲍鱼肉放中温区两面都煎一下，然后切两半。

8

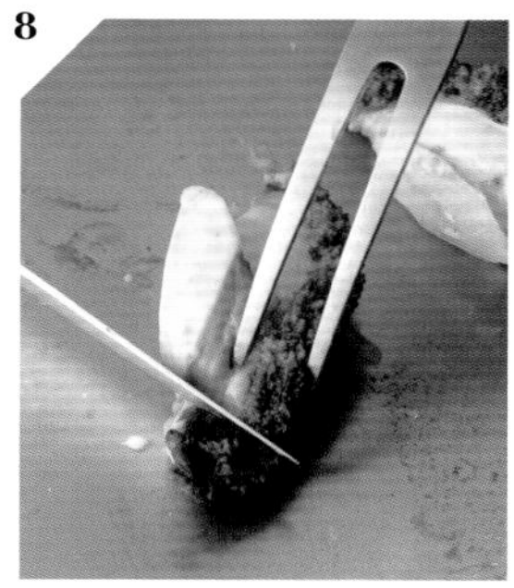

迅速煎切面。把餐刀刀尖放在鲍鱼嘴处。

9

以拉切法切除嘴部。

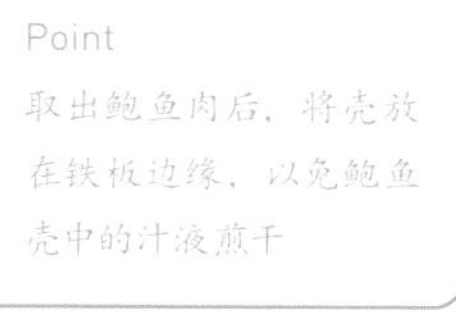

Point

取出鲍鱼肉后，将壳放在铁板边缘，以免鲍鱼壳中的汁液煎干

10

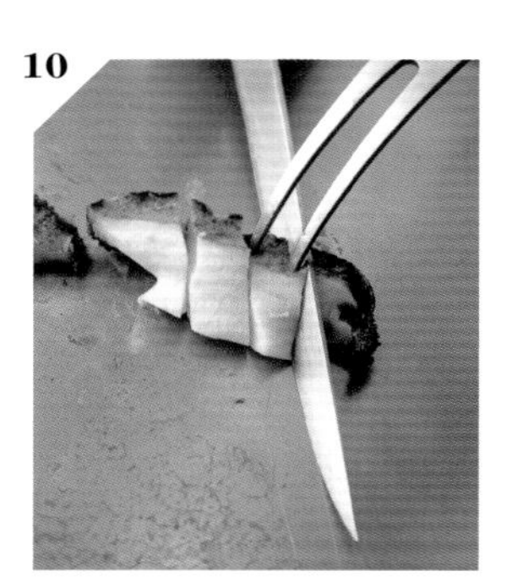

将切面朝向客人摆放，切成一口大小。

11

将白酒淋入铁板上的鲍鱼煎汁中。

12

用肉叉和煎铲盛起鲍鱼肉，盛盘。

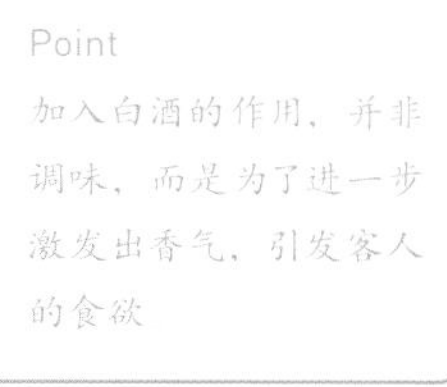

Point

加入白酒的作用，并非调味，而是为了进一步激发出香气，引发客人的食欲

13

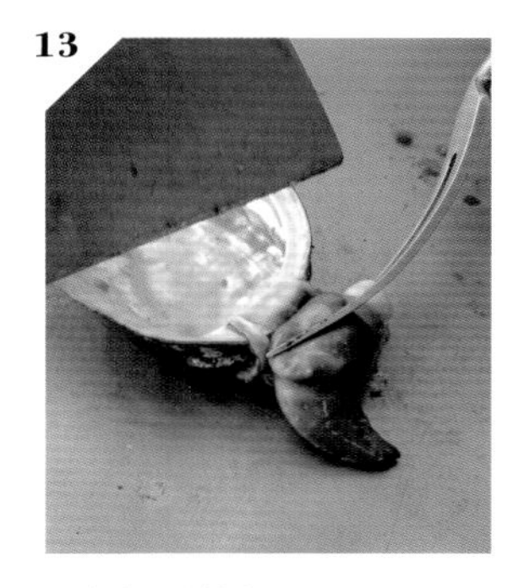

从壳中取出鲍鱼肝。

14

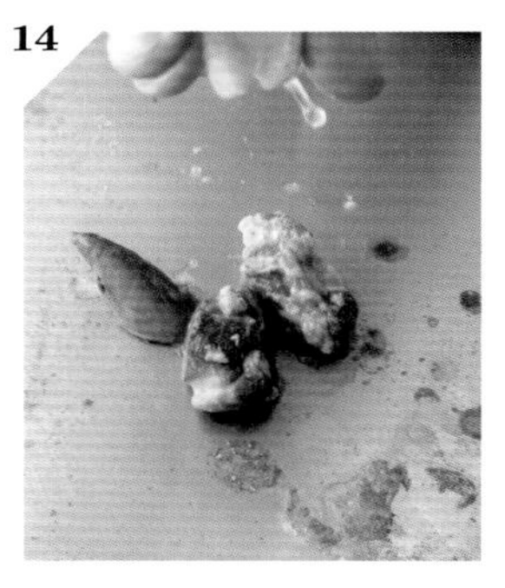

鲍鱼肝分切成几块，分次淋上少许酱油和柠檬汁，盛盘。

15

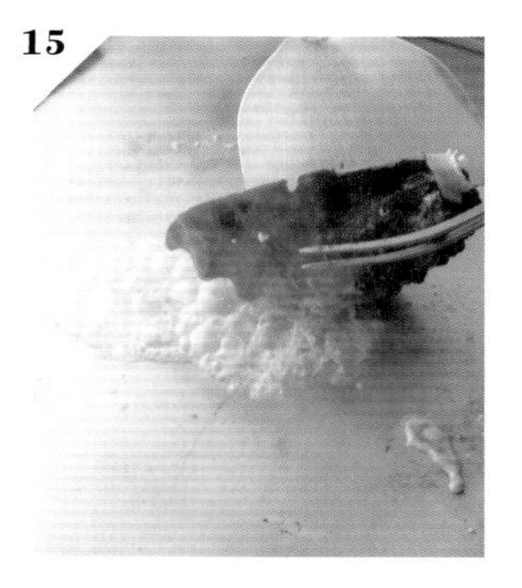

在鲍鱼壳里加入少许水，涮下鲍鱼壳，将汁液倒在中温区。

Point

将残留在鲍鱼壳里的汁液涮一下，调味后做成酱汁浇在鲍鱼肉上　有的餐馆会将鲍鱼肝调成酱汁，但将新鲜的鲍鱼肝直接给客人享用更好

16

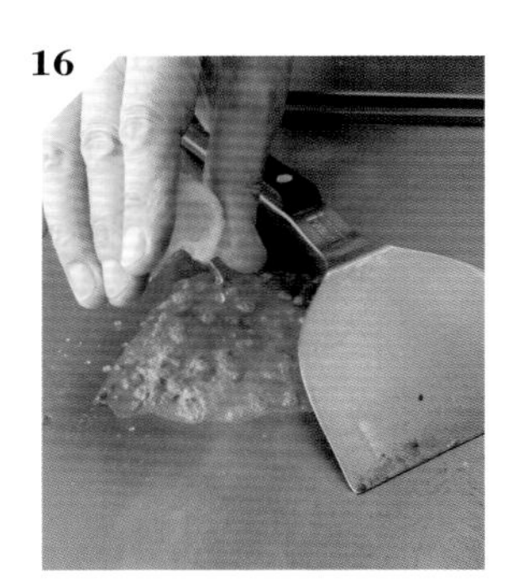

加入白酒、柠檬汁、酱油、黄油，浇在鲍鱼肉上。

04 鹅肝

充分发挥脂肪的美妙滋味

鹅肝中一大半是脂肪。为了充分展现鹅肝中脂肪的香气、鲜味和顺滑的口感，参考法餐“嫩煎鹅肝”的烹饪方式，将鹅肝切成1厘米厚的片，每片五六十克，表面煎成漂亮的焦黄色，中心部分煎出松软的口感。煎烹方法是：单面煎上色，立即翻面，两面都煎上色后，中心部分也达到最佳熟度。如果是冷藏的鹅肝，不能立即上铁板煎，要花点时间回温，煎烹时要根据室温和切片厚度来具体决定怎么做。回温时要包着保鲜膜放一段时间。

鹅肝的质量差别很大，有的鹅肝一边煎一边渗出脂肪，最后只剩很小一块。一定要选择品质好的鹅肝。

1

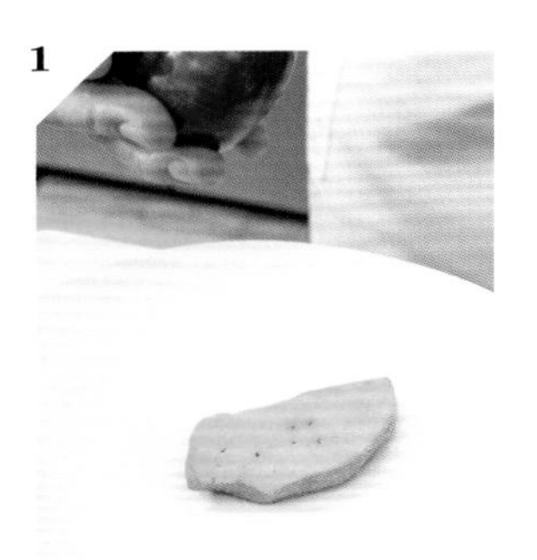

在鹅肝的一面撒盐。

2

撒黑胡椒碎。

3

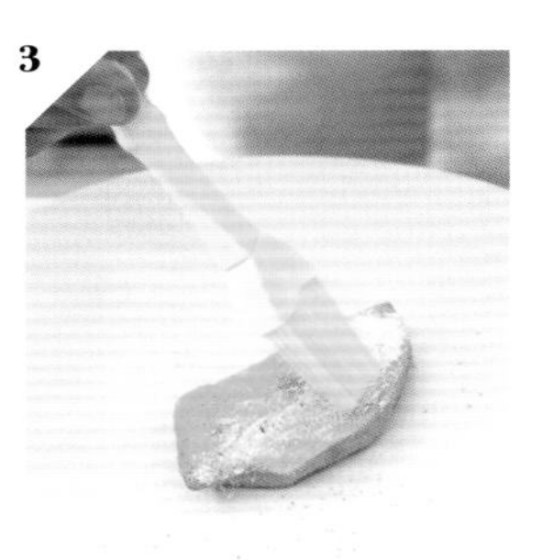

用刷子薄薄地刷一层高筋面粉。

Point
鹅肝裹面粉能够产生一层脆壳，有的餐馆不裹面粉，追求原汁原味。只有单面裹面粉或不裹粉两种方式，无须双面裹粉。

4

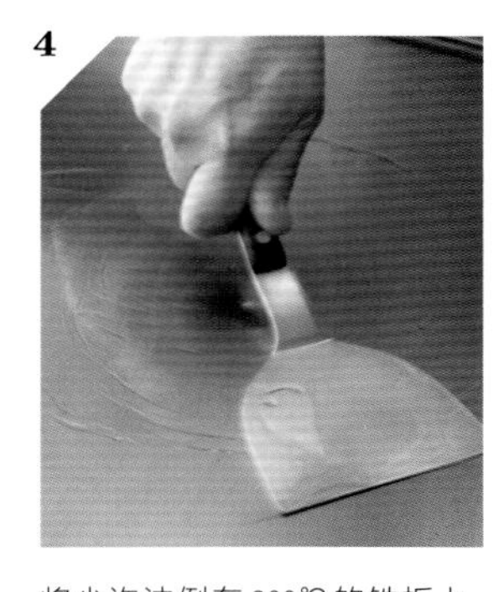

将少许油倒在200℃的铁板上，用煎铲抹开。

5

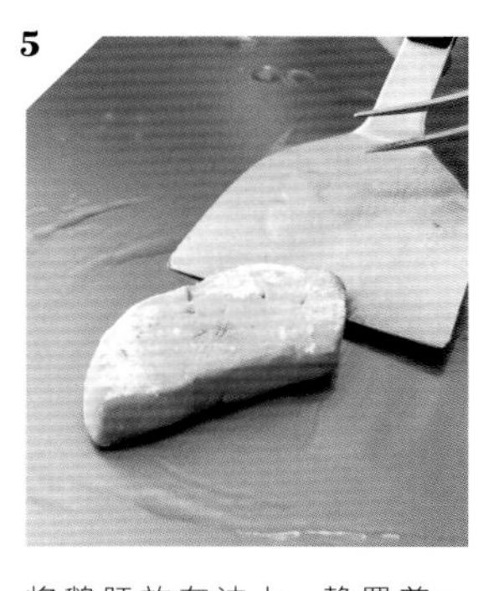

将鹅肝放在油上，静置煎一会儿。

6

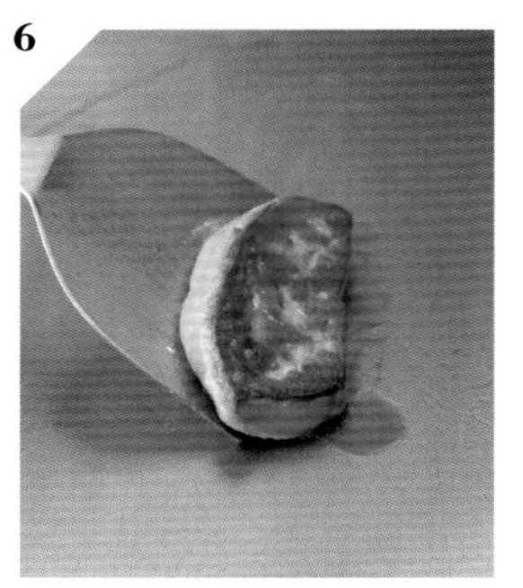

煎上色后翻面。

Point
鹅肝翻面时，用肉叉抬起一侧，插进煎铲，铲起后翻面，翻面时要小心以免破碎。

7

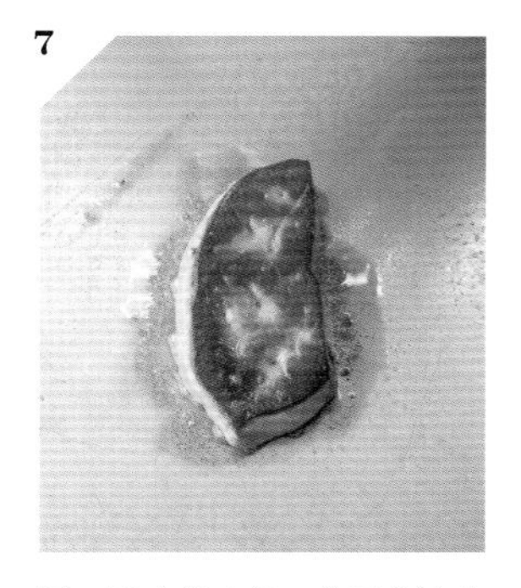

另一面也煎上色，煎时会流出油脂。

8

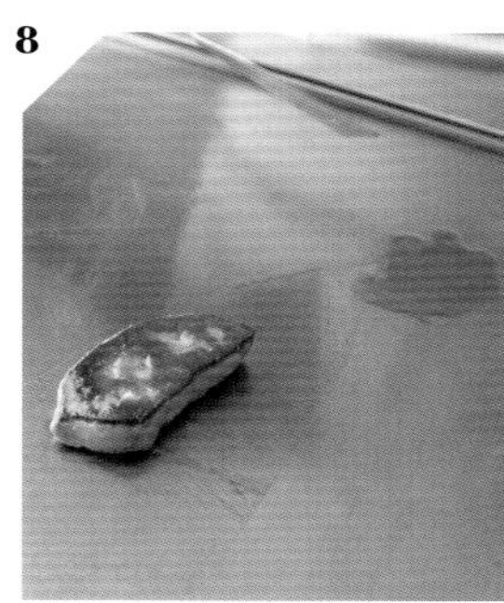

将鹅肝从油脂中挪开，然后把油脂铲起丢弃。

9

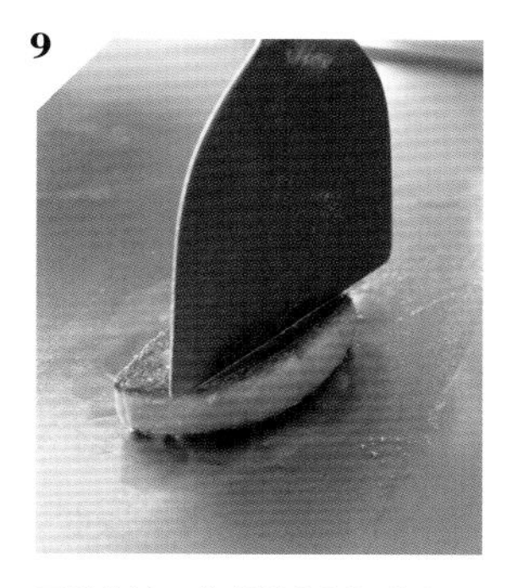

用煎铲按压的弹性来判断熟度。

Point
流出来的油脂要清除。

10

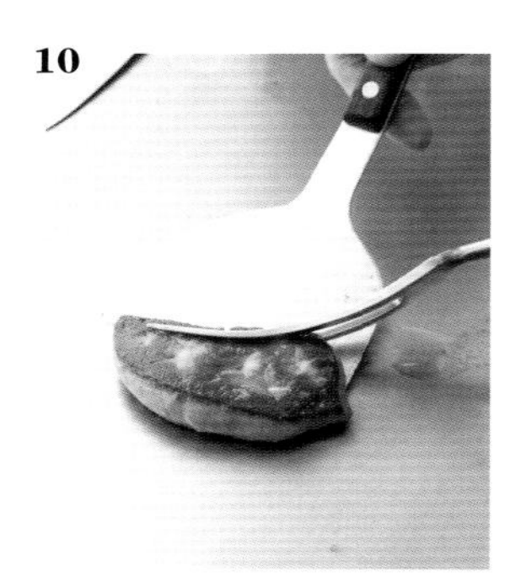

※ 如果中心部分不够熟，就移到低温区慢煎一会儿。

11

切成两半。

Point
只翻面一次，两面都煎出漂亮的焦黄色，中心部分也刚熟，是最佳状态。如果两面都煎上色，但中心部分还不熟，就移到低温区慢煎一会儿。

05 蔬菜

煎制各种蔬菜

在铁板烧料理中，时令蔬菜非常受欢迎。有时只煎一种蔬菜，不过通常会煎好几种做成蔬菜拼盘。各种蔬菜都要提前择洗干净。

同时煎好几种蔬菜时，要先煎不容易熟的蔬菜。蔬菜在铁板上的摆法也很重要，要放在温度适合的区域，整齐美观地摆放，要让客人能看得见。而且摆放的方式要有利于翻面、切除某些杂质。在煎的过程中，黄油或油会逐渐变得混浊，要用煎铲铲起丢弃，否则会有哈喇味附在蔬菜上。

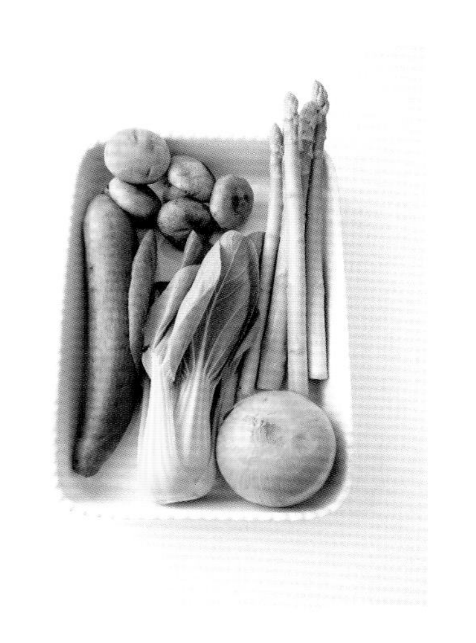

1

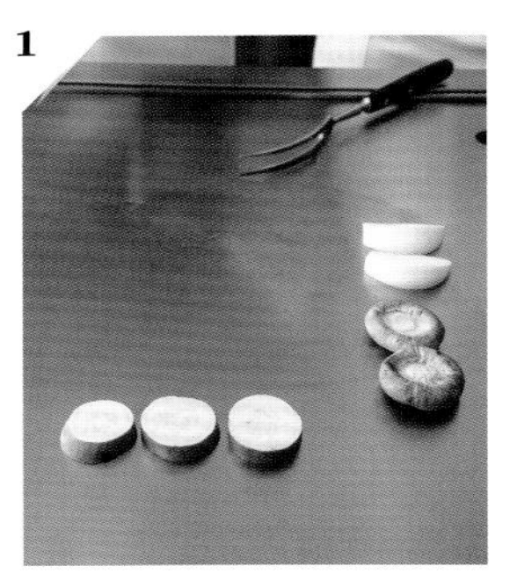

将香菇、洋葱、甘薯在铁板的中温区摆好。

2

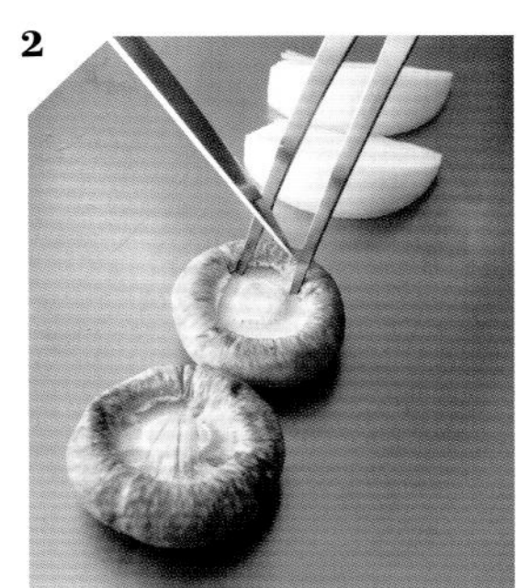

在香菇菇柄上剞上刀痕，可加快成熟速度。

3

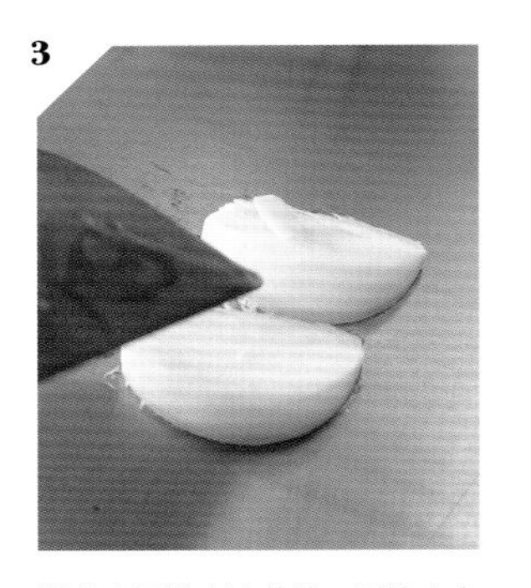

洋葱上面放少许黄油，再滴上少许油。

Point

香菇不可切开，以免鲜味的香菇汁流出，而且煎时不翻面。

4

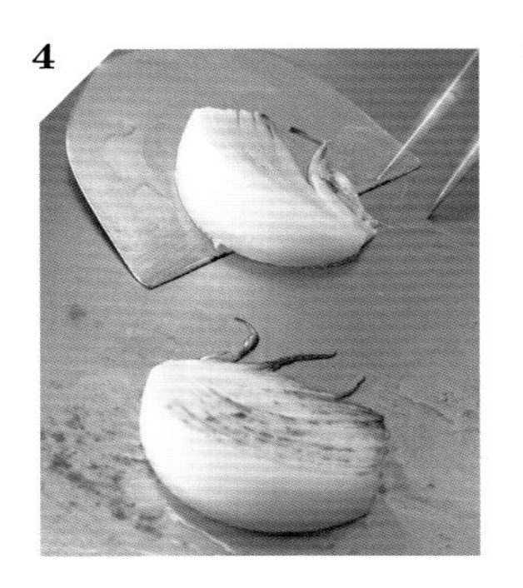

洋葱煎上色后，从靠近身体的一侧铲起翻面。

5

将芦笋（事先去除老根）放铁板上。

6

将黄油在低温区加热熔化后用煎铲铲起来浇在芦笋上。

Point

洋葱切成瓣状就不易散开，将较矮的那一侧放在厨师跟前，更容易翻面。翻面时如果将整块洋葱都铲起来，反而不容易翻面，只铲到洋葱的2/3处就好。

7

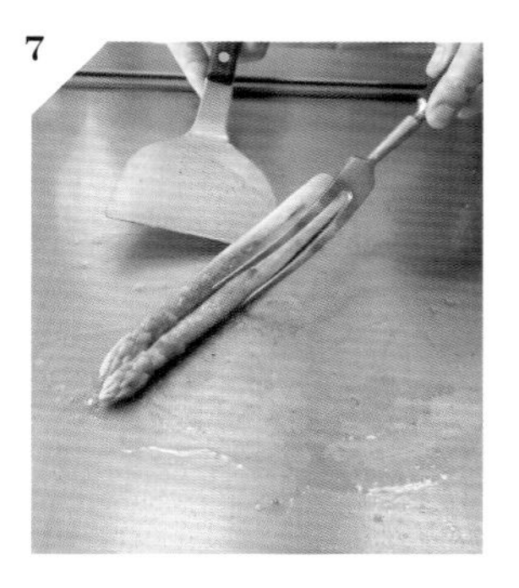

偶尔翻动芦笋，使其受热均匀，煎至上色，散发出香味。

8

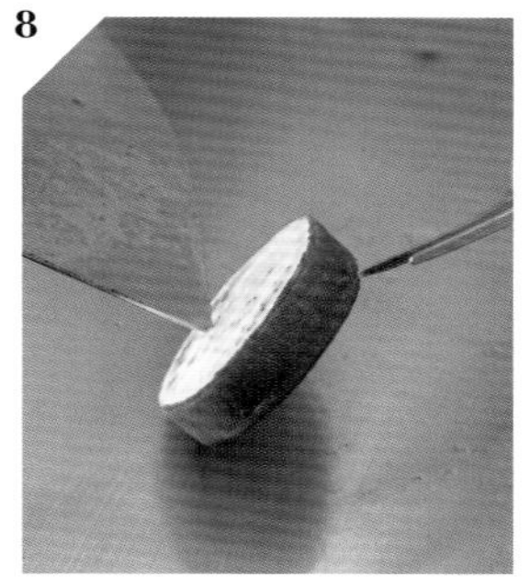

甘薯一面煎上色后，翻面。

9

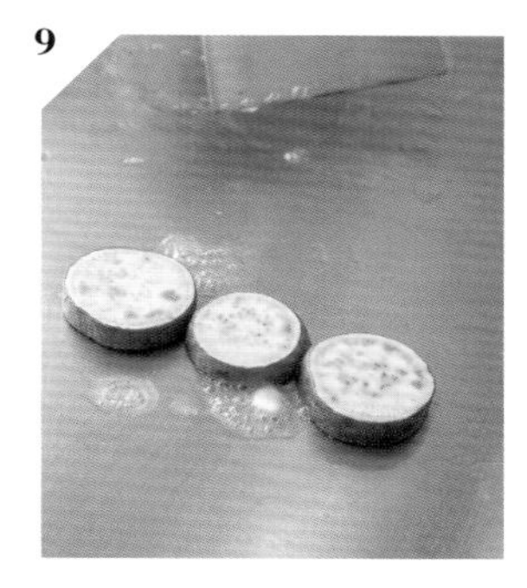

油不够的话，在铁板上放少许黄油烧熔化。

10

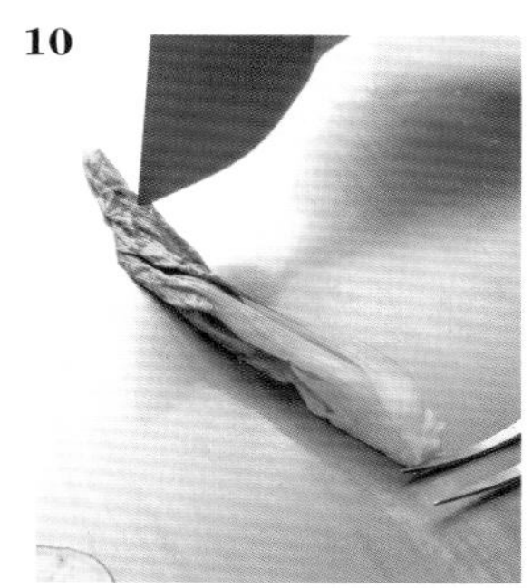

放上小油菜（一切为四，快速焯水）。

11

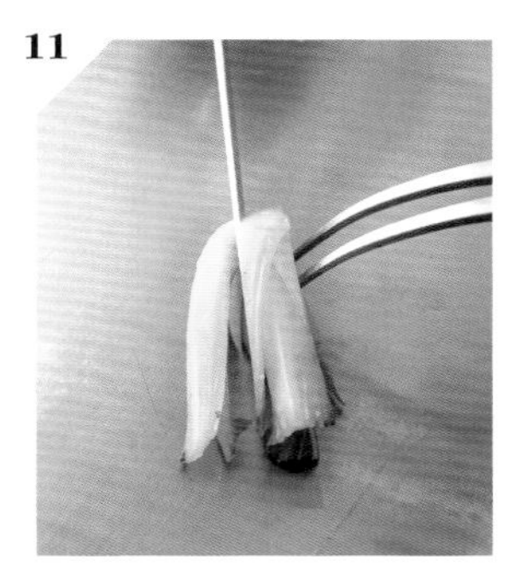

切下叶尖，梗纵切成两半。

12

切除根。

13

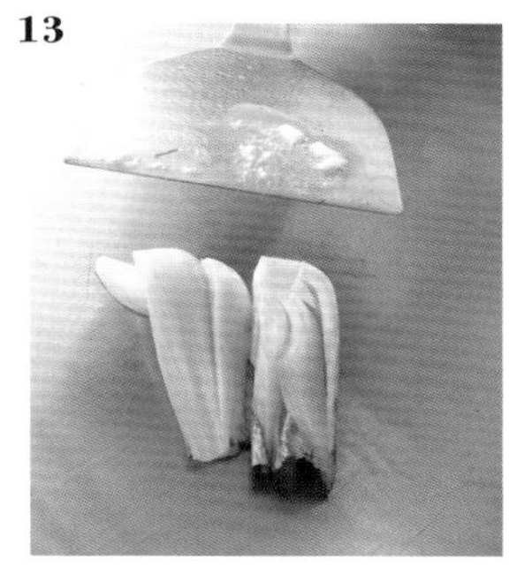

将黄油放在低温区烧熔化，浇在小油菜上面。

> Point
> 小油菜等叶菜，如果不焯水直接煎，很容易煎焦，所以要先焯水。小油菜靠近根部、有点厚的地方要切得短一些。

14

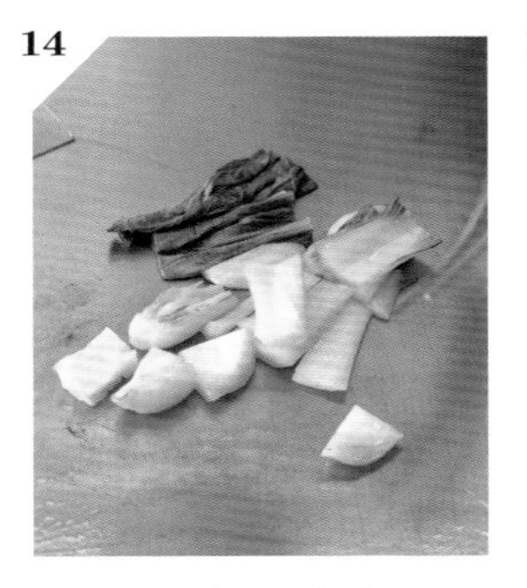

小油菜煎上色后，切成一口大小。

15

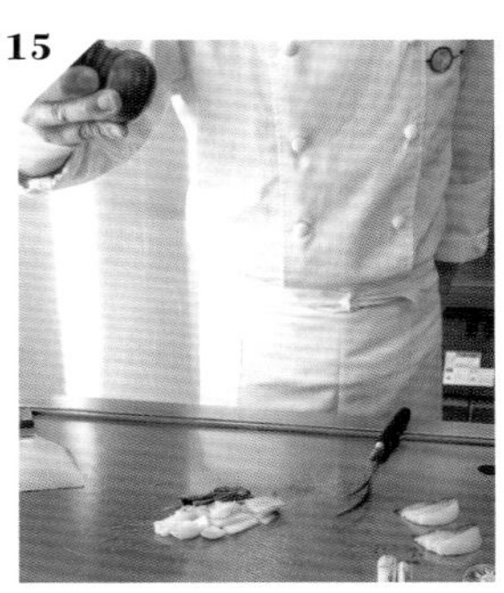

所有蔬菜此时同步煎熟，撒上盐和少许黑胡椒碎。

16

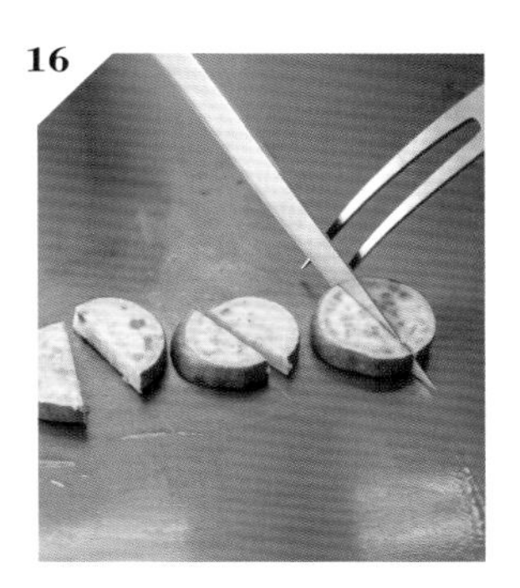

将甘薯切成一口大小。

17

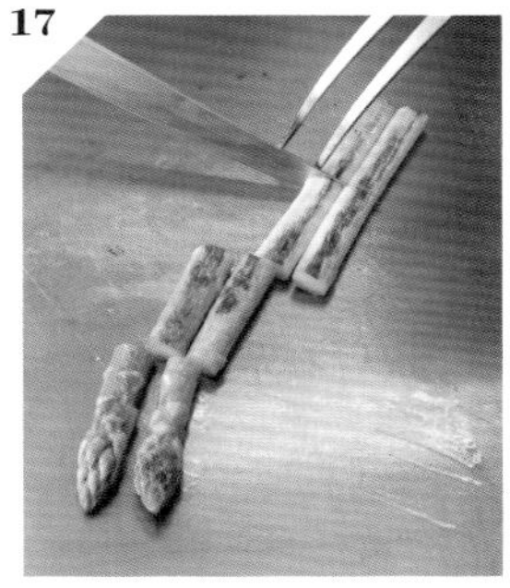

将芦笋切成小段。

18

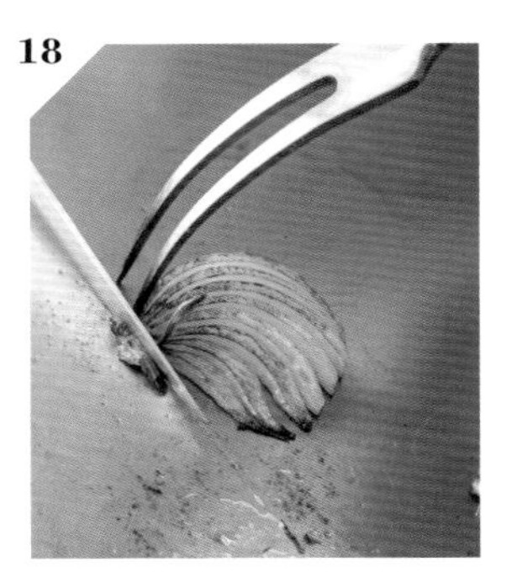

切除洋葱根部。

19

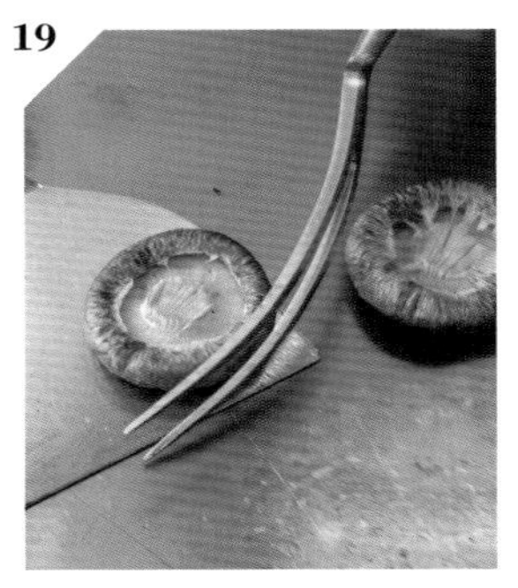

使用煎铲和肉叉盛盘。

06 蒜蓉炒饭

炒出蒜的香气

用油炒蒜蓉，炒至变黄时，会散发出特有的香气，然后放入米饭一起炒。炒蒜不能用高温，因为很容易煳，所以要在中温区慢慢炒。

做炒饭时已是用餐尾声，所以炒饭不要太油腻，炒蒜的多余的油要去除。如果加入牛排边角肉，要先煎出多余的油脂。加入配料时，将配料放在米饭上面后，要盖上铜盖焖一下，米饭就会吸收适量油，不用另外加油也可以炒得很成功。

1

用煎铲按压牛排边角肉煎出油脂，然后把牛排边角肉放在铁板的边缘。

2

在铁板的中温区倒油，放蒜蓉。

3

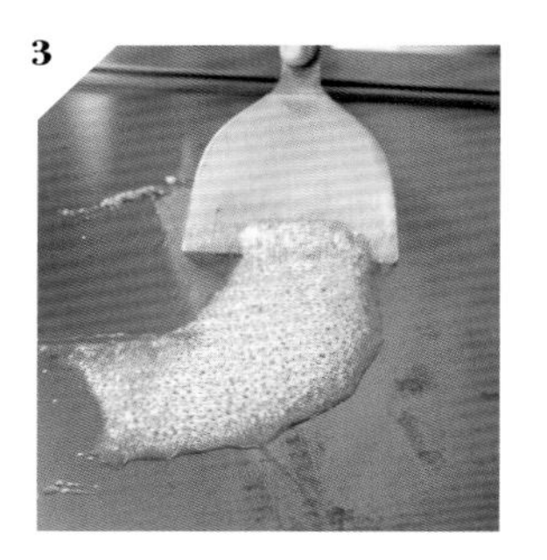

炒蒜蓉。

Point
也可以只用蒜蓉来炒饭，这里还加了牛排边角肉（提鲜）、洋葱（增加甜味）、青紫苏叶（增加清爽香气）。牛排边角肉用的是沙朗牛排的腹肉边角，在铁板上切成小块，用高温煎制。

4

把蒜蓉炒上色、散发出香气，在完全上色前，就移到铁板的边缘。

5

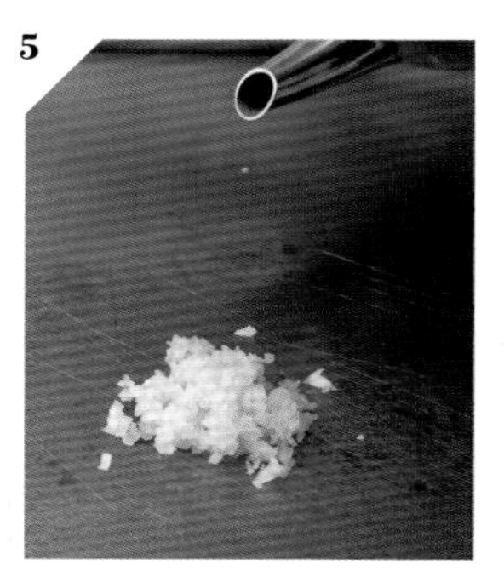

铁板上放洋葱碎，倒油，翻炒。

6

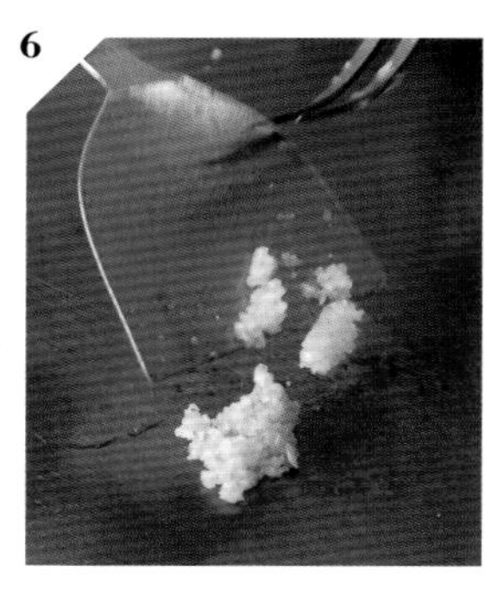

将洋葱煎炒至稍微上色后，也移到铁板的边缘。

Point
如果想要黄油的香气，炒蒜蓉的油一半用植物油，另一半用黄油。使用的牛肉最好是瘦肉，以免炒饭太油腻。

7

米饭放在中温区，用煎铲的一角将米饭摊开。

8

用肉叉和煎铲将炒蒜蓉的油沥出。

9

沥好油的蒜蓉放米饭上。

> Point
> 米饭倒铁板上时，如果直接倒，含水的米饭会粘在铁板上。米饭表面因为接触空气而稍微变干，采用倒扣的方式，将表面的米饭朝下倒在铁板上。

10

炒好的牛边角肉和洋葱也放米饭上。

11

盖上铜盖，焖煎 1~2 分钟。

12

移到高温区，一边拨散米饭一边拌炒，使配料分布均匀。

> Point
> 铁板上多余的油可以与米饭一起炒。

13

撒盐、黑胡椒碎，淋上酱油（加上味淋和酒稀释），拌炒均匀。

14

加入青紫苏叶丝拌炒。

15

连锅巴一起盛出。

> Point
> 有两种加入酱油的方式：一种是直接浇在米饭上；另一种是倒在铁板上，加热产生香气后再与米饭混合。

技术的基础是细致的服务——做铁板烧时的动作和注意事项

铁板烧和寿司店吧台区类似，都是在客人面前完成烹制过程，算是一种烹饪表演。除了料理技术，丝滑专业的动作也非常重要，一边配合客人的用餐节奏一边烹制，给客人创造热烈的用餐氛围，提供细心的服务，这些都是服务好客人的关键，一位资深主厨如是说。

解说 / 小早川康

出生于日本爱知县。于名古屋东急酒店的“罗瓦尔铁板烧”餐厅担任主厨 20 年。现任三甲高尔夫俱乐部“铁板七栗”餐馆顾问，并担任（一社）日本铁板烧协会副会长。

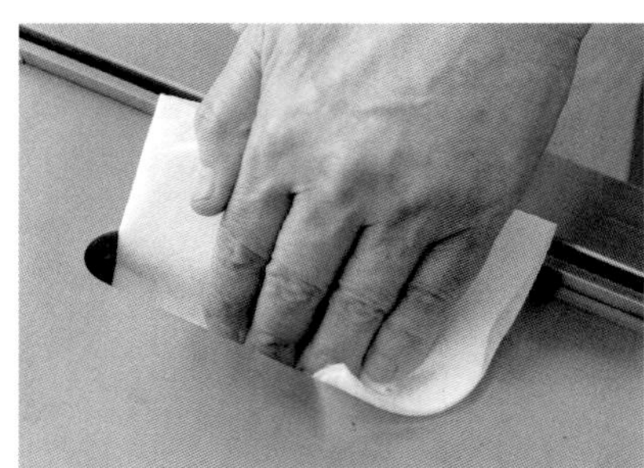

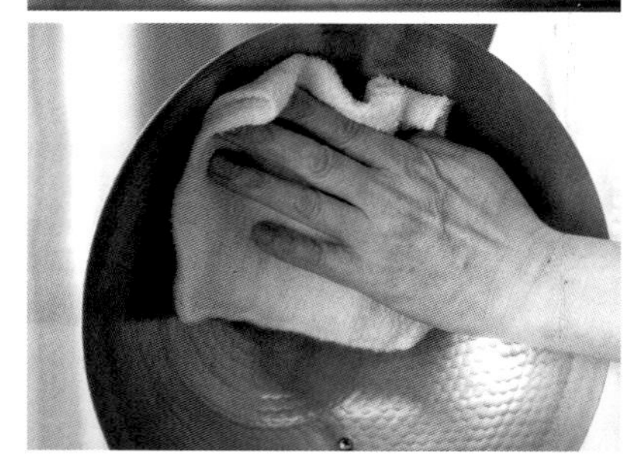

1 [清洁感] 立即擦、随时擦

铁板必须时刻保持清洁。厨师服是否有汗渍？厨师的指甲是否干净？工作前要注意仪容仪表的干净整洁。最近很多厨师不戴厨师帽，但是为了防止头发掉入食材中，以及从客人的角度出发，还是应该戴上厨师帽。

粘在铁板或煎铲上的焦渣，必须一边煎食材一边清除。如果渣滓盒的洞口粘有食材渣，后续清理会很麻烦，所以要随时保持干净。靠近身体一侧的孔洞框，是厨师的视线盲区，但从客人的角度很容易看见。用完准备丢弃的厨房纸巾，可以再顺手擦擦孔洞框。在客人用餐时特意清理不太合适，最好不经意地随时清理。盖上铜盖时，如果周围有水溢出要及时擦干。打开铜盖时也要迅速擦一下铜盖内侧。

2 [安心感] 要随时注意行为举止

在煎烹过程中，有时候食材需要煎好几分钟，如果此时厨师默立原地，客人会感觉有点别扭，但如果厨师离开也会让客人担心。这时可以观察食材，用肉叉插入食材来判断熟度，这些操作可以表现出专业性，这是厨师必须掌握的技巧。盖上铜盖焖煎食材时，可以与客人聊天，但要把手放在铜盖的把手上，可以营造细心周到的氛围。

撒盐、黑胡椒碎是铁板烧料理必需的动作，有时只需要撒一点儿就行，尤其是蔬菜，撒得太多，味道会过重，但要是没有调味的动作，客人会觉得少个步骤。这时，可以做做样子，只用少许材料慢慢撒。

翻面时，先倒放在煎铲上，再使其自然滑落在铁板上，这样看起来比较优雅。盛盘时，不是用肉叉把煎铲上的食材直接拨进盘中，而是将肉叉放在食材旁边固定不动，然后将煎铲往自己的方向抽出，这样的动作显得利落。还要尽量避免工具碰撞产生噪音。

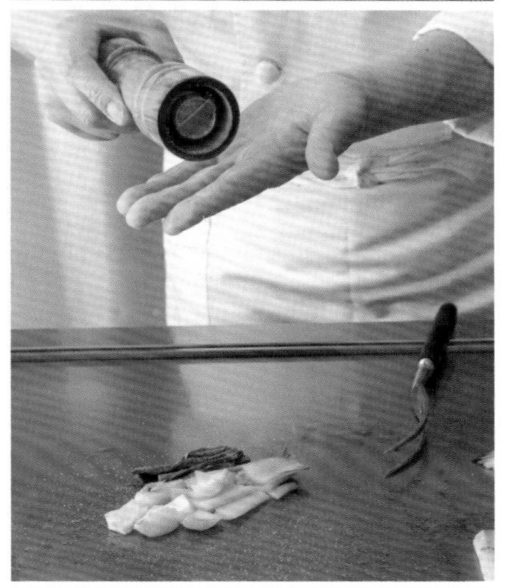

3 ［节奏］趁着菜热乎，客人充满期待时上菜

寿司店吧台区有着明确的节奏和速度，铁板烧也一样。两道菜之间间隔一段时间是司空见惯的事情，但隔得太久，客人会失去耐心。所以厨师应尽快煎熟食材，趁热上桌，这样客人才不会因间隔太久而感觉无聊。

4 ［聊天能力］平时多收集信息，以及随机应变

向客人展示生的食材后，客人有时会问很多问题，尤其是牛肉，有些客人颇有见识。所以厨师要向畜牧场主学习相关知识，才不会捉襟见肘，正确回答客人的问题。

有些客人会询问独到的吃法，或者聊些饮食相关的话题，如鲍鱼的嘴部，也有可食用部分，向客人说明、展示并烹制，客人会觉得兴趣盎然。有的客人对这些不感兴趣，或者客人和同伴之间相聊甚欢，就不用说话，具体客人用具体的待客方式。

5 ［信赖感］对客人要展示真情实意的笑容

客人指名请某位厨师烹制，这是厨师们的从业目标。食材的质量、令人信任的主厨、精湛的烹饪技术，是吸引顾客的关键。厨师热爱食材、热爱顾客的话，会带着发自内心的笑容。但在烹饪过程，很容易会因为专注于食材而表情严肃，记得随时调整。

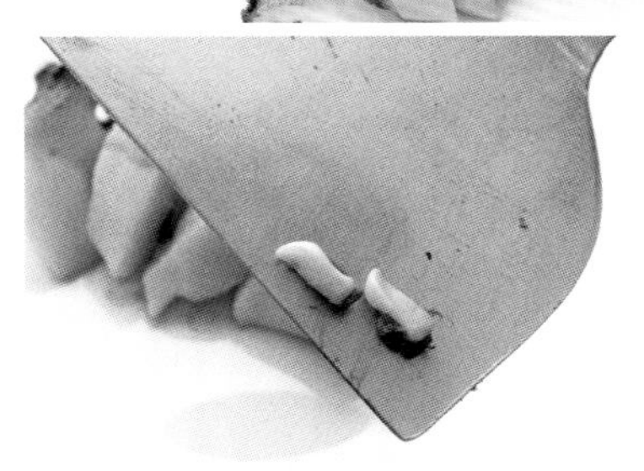

铁板烧技术的进化——材料多样化、加热方式的变革

日本的铁板烧前辈们研究出来很多煎制方法和技术，主题当然是和牛。养殖黑毛和牛的农场主与厨师共同为了饲养和烹饪出美味的霜降牛肉而努力。不过，30年前和现在的评判标准有所变化，因为人们已经吃了太多的美味，对于美味的追求水涨船高，而且除了美味，人们还追求健康，所以农场主也在研究饲养的方法，以饲养出“现代最美味的肉”。人们对和牛提出了越来越多样化的要求，烹饪理论的研究也随之不断深入。所以铁板煎制牛肉的观点，也得同步更新。

和牛菲力牛排、和牛腰肉、安格斯沙朗牛排、鸡肉、伊势龙虾——以这5种现代最受欢迎的食材为例，介绍如何以合理的技术烹制出最好吃的美味。

烹调 · 解说 / 绫部 诚（铁板烧 银明翠 GINZA）

出生于日本兵库县。2004年在姬路创办了“铁板烧 憩家”餐馆。2010年担任御殿场餐馆总厨师长，2014年，在该集团设于银座的“银明翠”（https://www.ginmeisui.jp）餐馆兼任总厨师长，是（一社）日本铁板烧协会认证厨师。

01 和牛菲力牛排

低温慢煎，无须静置

现代和牛的质量判断标准不是如A5一类的等级，而是饲料和饲养天数，这些取决于农场主。举例来说，肉质的判断标志之一是油酸，它是一种单元不饱和脂肪酸，油酸的含量越高，脂肪的熔点越低，直接影响入口即化的速度和味道。另一方面，虽然鲜味的来源是氨基酸，但含糖量也很重要。有的农场主并非只关注漂亮的脂肪分布，对食物味道的平衡、柔嫩的肉质，以及健康也很重视，所以用精心制作的饲料，延长饲养周期来提供最佳美味（这就是农场主们所说的“活熟成”）。

这种方法养出的上等好肉，没有多余的水分，肉质非常柔嫩。最适合的煎制方法是：尽可能不让肉汁流失，把肉煎得柔嫩多汁。特别是纤维细致的菲力牛排，要煎得口感柔滑，鲜味十足。

铁板的温度160~170℃最好，如果温度太高，肉的细胞会立刻破损，导致肉汁流失。如果温度过低，则煎的时间会很长，也会流失肉汁。所以应该用中温煎，经常翻面，慢慢煎熟。虽然煎牛排时发出的滋滋声会引发食欲，但那说明肉汁在流失。

之前的做法是：用高温把肉的两面煎得酥香，然后放在铁板的边缘（有时会盖上铜盖）静置，目的是让肉汁稳定下来，用低温加热中心，同时加热脂肪。这种煎制方法，用平底锅也可以操作。铁板的蓄热性非常好，只要保持均匀的火力，效率更高。

现在煎菲力牛排时，朝下的一面在煎，而侧面和上面都在静置，这样煎熟后就不用再花时间静置了。

能够同时拥有最佳加热状态、最佳口感、最佳色泽，而且能够现做现吃的，只有铁板烧能达到。即使用160℃的温度来煎，也会因为美拉德反应而煎出诱人食欲的金黄色。

煎和牛菲力牛排

将34月龄的和牛菲力牛排放在−2~0℃的温度中熟成两星期。因为要慢慢加热，所以不需要回温即可上铁板煎。一般切成3厘米厚。

»　靠声音来判断

煎制肉质细嫩的和牛菲力牛排时要尽量避免肉汁流失，方能保有湿润的口感。煎肉时发出的滋滋声，是肉汁流出时碰到油发出的声音，说明温度太高了。

1

将特级初榨橄榄油倒在165℃的铁板上，抹开后加热，如果油少温度又低，肉很容易粘在铁板上，所以油量要大些。

2

将牛排放在铁板上。可以清楚地看见底部的油不会喷溅，声音也很小。保持这样的状态，将表面煎硬。

3

一面煎硬（约 50 秒）后，翻面。煎过的面变硬了，但是表面很平滑，也没有煎出焦色。

4

为了防止牛排直接接触到滚烫的铁板，用长板铲将牛排周围的油收拢，铲到牛排下方。

5

煎 30~40 秒后再次翻面，然后要经常翻面，尽量避免表面收缩，这样两面均匀加热，慢慢加热牛排的中心。

6

翻面 4~5 次后，牛排的表面会稳定下来，然后间隔 1 分钟左右翻面，图片中是第 7 次翻面后的状态。

7

用肉叉按压表面，感受弹性来判断熟度，总共煎 7 分钟，翻面 8 次即完成。

8

因为是慢慢加热到中心的，所以不需要静置，煎好即可切小块。

» **以相同的温度煎上下面**

牛排总计要翻面八次，何时翻面呢？在牛排的底部温度逐渐上升，牛排的表面收缩到快要裂开时。

在多次翻面的过程中，牛排的表面会慢慢收缩，因美拉德反应，焦黄色会变深，并冒出蒸汽。最后，多余的水分会蒸发掉，味道会稳定下来。

» 柔滑的口感

以低温慢慢煎熟的和牛菲力牛排，切面带有均匀的红色。口感柔嫩，脂肪也不油腻，味道醇厚，这就是理想中和牛的肉质。

如果用高温煎的话（参见下方比较例子），切面的中心是红色，而切面到表面之间则会泛白。外面酥脆，由于水分都煎干了，鲜美的瘦肉和熔化的脂肪层次分明，对于喜欢霜降牛肉口感的人来说，这就是他们最喜欢的口味。

比较例子

高温煎制→静置

1

将油倒在200℃的铁板上，放上和牛菲力牛排，肉汁流出，滋滋作响。因为牛排的表面收缩会变形，因此要用煎铲按平。

2

肉汁逐渐渗出后（约3分钟），翻面，可以看到煎过的面有干的裂缝。

3

再煎1.5分钟后，移到低温区，静置使热力传到肉的中心。

4

静置约1分钟后，即可切开上桌。

02 和牛腰肉

因为纤维很多，所以低温慢煎

厨师一般认为，牛肉从肩胛肉起，越往后所需烹饪的时间越长，而离肩胛肉很远的牛腰肉，要较长的时间才能煎熟。

市场上的和牛肉一般为28~30月龄，如果是月龄较小的和牛，尤其是瘦肉吃起来不够柔嫩多汁。做铁板烧最好选择饲养时间更长的如34月龄的和牛，以瘦肉为主，味道醇厚，带有脂肪，味道柔嫩可口。

精心饲养的和牛，除了沙朗牛排和菲力牛排，其他部位也很美味，腰肉和肩肉等部位价格更优惠，值得关注。

腰肉比菲力牛排、沙朗牛排的纤维更多，能实现嚼劲和多汁感并存的简单煎法才是最适合的。因为脂肪少，用高温煎的话肉汁会流失，所以用170℃慢慢煎，不断翻面，直到煎熟。

带有脂肪分布的34月龄的和牛腰肉，切成2厘米厚的片。

小诀窍

油的用法

为了避免肉表面变干或裂开导致肉汁流失，所以需要往铁板上倒油。在煎的过程中，为了防止肉直接接触铁板粘住，要将周围的油收拢起来，铲到肉下方。

1

把特级初榨橄榄油倒在170℃的铁板上，抹匀，油量要足。

2

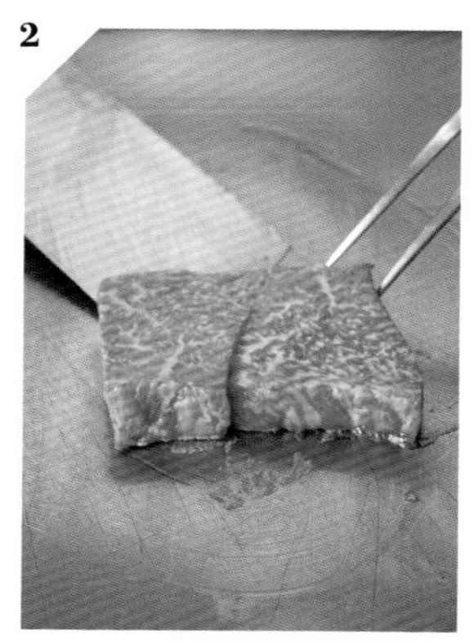

将和牛腰肉放在油上。

3

用长板铲将周围的油收拢，铲到和牛腰肉下方。

》 补充油，以免肉干裂

和牛腰肉在煎制时容易裂开，所以要经常补充橄榄油或牛油。分切时要注意和牛腰肉是否容易咬断咀嚼。因为鲜味很浓，即使切得小些也无妨。

小诀窍

调味

和牛腰肉煎前不要撒盐、黑胡椒碎。因为盐会使和牛腰肉脱水。不放黑胡椒碎是因为黑胡椒受热会产生焦煳味。和牛腰肉煎好再调味，或者当料碟上桌。尽量少加调料才能品尝到食材的原汁原味。只靠食材本身的味道和恰到好处的熟度来赢得客人的赞美，这就是铁板烧的魅力。

4

为了避免底部的和牛腰肉收缩变形，所以要按压住表面（按压约 2.5 分钟）。

5

翻面。因为纤维很多，所以煎的那面会裂开，继续煎 1.5~2 分钟。

6

分切。因为纤维粗，所以切成较薄的一口大小。

03 安格斯沙朗牛排

以瘦肉为主的美国牛排，也适合铁板烧

在现代，瘦肉更受欢迎，尤其是平价的铁板烧餐馆，以瘦肉为主的美国安格斯牛肉的肉质不像和牛那般柔嫩，但性价比很高。它不适合用200℃的高温把两面煎硬，然后静置一会儿的方法，这种方法平底锅也能做到，没有充分发挥铁板烧的特性。煎安格斯牛排时，要用180℃左右的温度慢慢地煎香两面，在煎上色的同时，中心也煎熟，以这种稍高的温度煎上色后，可以激发出鲜味，口感筋道。煎好后，可搭配酱汁，也可以煎熟后淋上蒜味酱油。

安格斯沙朗牛排。因为纤维较粗，切得太厚不容易咬；切得太薄肉汁会流失太多导致肉质干柴，所以要切得比和牛菲力牛排稍微薄些。

1

图片中的安格斯沙朗牛排厚2厘米，重200克。将少量特级初榨橄榄油倒在180℃的铁板上，放上安格斯沙朗牛排。

2

将油收拢起来，铲到安格斯沙朗牛排下方。

3

底部煎硬后，翻面（需要约1.5分钟）。因为温度有点高，肉汁会渗出黏附在铁板上，要随时清除。

4

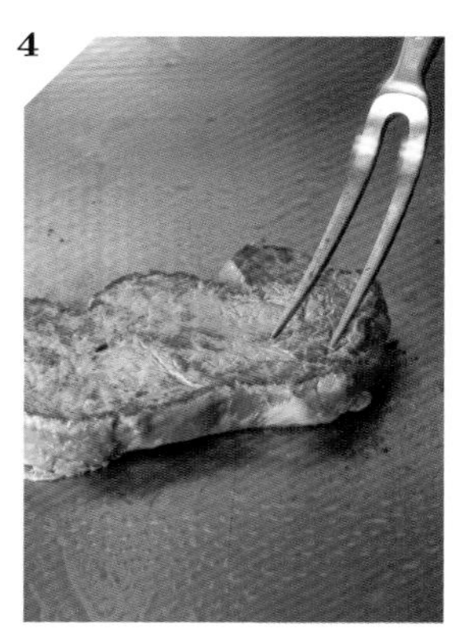

翻面后用肉叉按压，使其紧贴铁板，煎1.5分钟。

5

再次翻面，煎 20 秒后翻面，切开，两面的煎制时间基本相同。表面有细微的裂缝，但不会裂开，中心还处于加热状态。

» **香味优先，油量可少一点**

根据以往的经验，安格斯牛肉很难煎上色，煎好后有点泛白。为了煎上色，一开始倒油宜少，虽然这样有裂开的风险，而且肉可能会粘到铁板上，但可以煎出焦黄色。

煎出烤的味道

煎洋葱片

练习加热方式和长板铲的用法

要将洋葱的圆片煎得完美并不简单，用低温慢煎，同时不断翻面。可以通过煎洋葱来练习煎牛排的手法。两者的加热温度与翻面次数都不同，不过在适度保留洋葱的水分、均匀地煎出焦色（不能煎至焦黑）、激发甜味的把控上，两者是相似的。要小心避免洋葱散开，翻面的手法必须熟练，这有一定技术含量。

04 鸡肉

煎鸡肉的关键是把鸡皮煎得酥脆

如果想用铁板煎其他肉，应该选什么肉？普通猪肉的肉汁太容易流失而变得干柴，精品猪肉更适合用柴火或炭火慢慢烘烤。

而鸡肉很适合铁板烧，其形状也很适合煎，并且鸡肉味道鲜美，口感柔嫩，只需要加点盐和柠檬汁就十分美味。

煎鸡肉的关键是怎样把鸡皮煎得酥脆。铁板的热度比较均衡，煎时要反复观察鸡皮起皱的状态，并且拉平。另外，将煎出的鸡油浇回鸡肉上能增加香味。这种操作用平底锅不易实现，但在铁板上很容易做到。

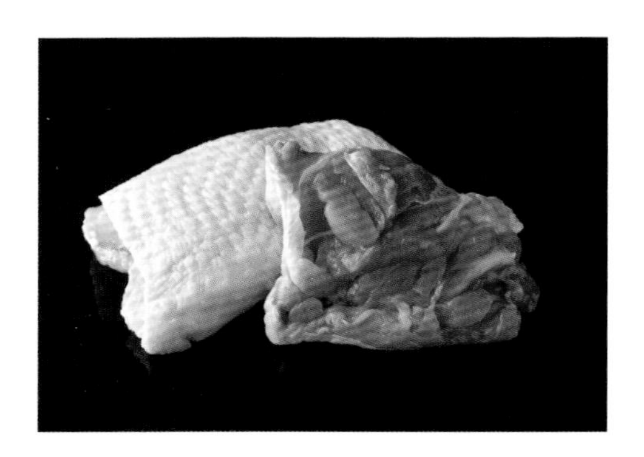

一块鸡腿肉约 300 克。

1

将特级初榨橄榄油倒在 180℃的铁板上，放上鸡肉，煎一会儿。

2

受热后鸡皮会慢慢收缩，出现褶皱，最好把它拉平。

3

拉平后，重新将鸡肉放回铁板上。

4

重复上述动作。

5

煎至颜色逐渐焦黄。如果有褶皱，焦黄色会不均匀。

6

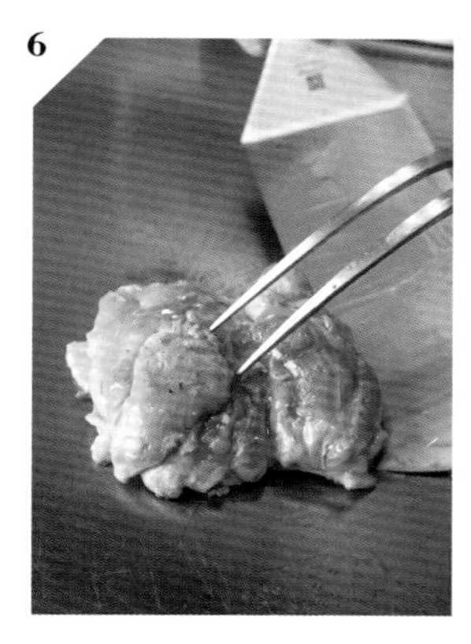

鸡油慢慢熔化，收拢油脂。

7

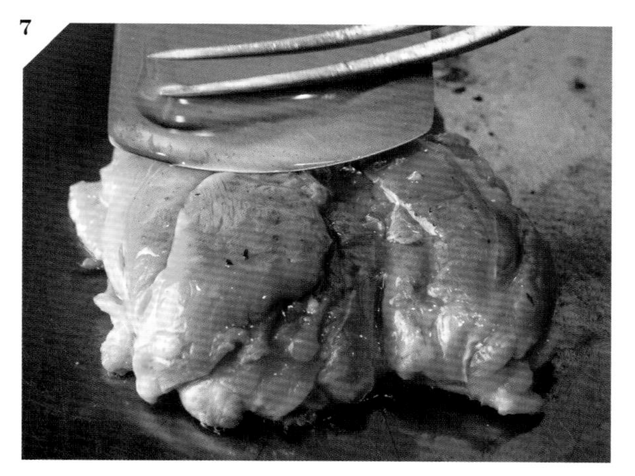

将鸡油浇在鸡肉上。

8

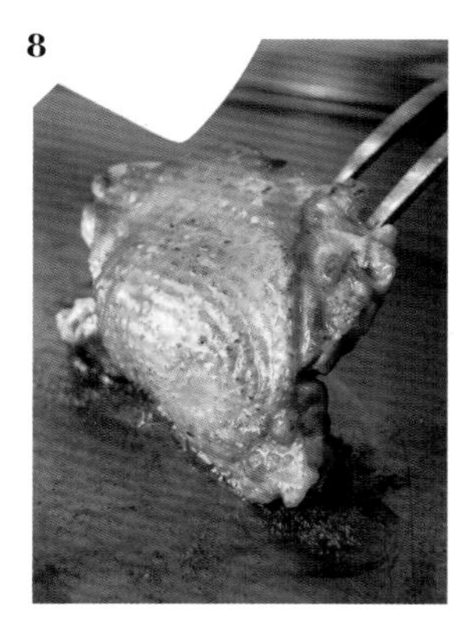

不断收拢鸡油和浇油。

9

鸡皮那面煎 3 分钟至焦黄色变深后翻面，重复收拢鸡油和浇油的动作。

10

通过按压鸡肉时的弹性来判断熟度（约 1.5 分钟），切分，如果感觉不好切，就把皮朝下放。

» 在鸡肉上浇鸡油

煎鸡肉时，油脂会熔化流出，鸡油非常美味，要收集起来，浇在鸡肉上，这样既可防止肉质干柴，又能增加香味。

05 伊势龙虾

煎一整只龙虾，无须酱汁，品尝虾本身的鲜美味道

伊势龙虾这种大型虾，一切为二再煎的话虾肉容易缩水变干，为了补充水分，就要淋上酱汁，搭配酱汁吃龙虾是法式烹调方法，铁板烧应该着重于以煎来带出美味。

煎虾和煎肉一样，都要防止食材本身的鲜味流失，所以采用整只煎烹的方法。这样，虾肉水分流失较少，鲜味也保存完好。如果一人份是半只虾，遇到点餐数是奇数时，食材便会浪费。所以可以改用小个头的虾，一人份就是一只，便可避免这种状况，客人也会比较满意。

因为一人份是一只，选用 200~250 克的伊势龙虾非常合适，用铁扦从尾部穿到腹部，防止虾乱蹦。

1

将黄油放在 190℃的铁板上烧熔化，用黄油而不是用油，是因为后期加水，不会引起油花四溅。

2

放上伊势龙虾，先煎腹部，虾流出来的汁和黄油混合，会形成固体焦渣，要及时清除。煎 1 分钟后加水。

3

焖煎时用刀摊开尾部使之紧贴铁板，并用肉叉按住虾背。

4

约 1 分钟后，移开虾，清除粘在铁板上的焦渣，然后拔出铁扦，让虾侧放，倒点水，煎 30~40 秒。

5

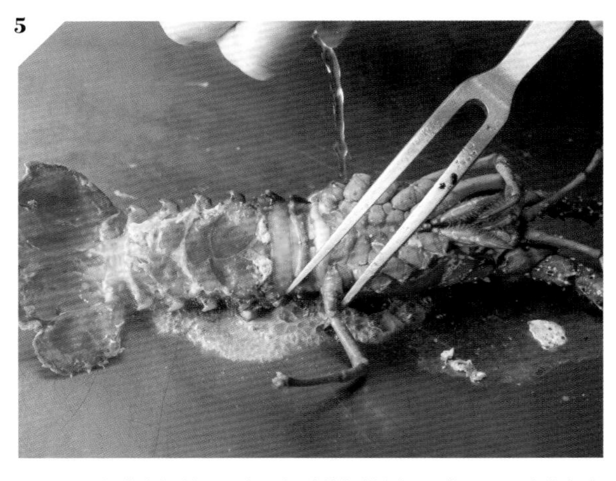

翻面后再加点水焖煎。不容易紧贴铁板的侧面和背面，用水蒸气来加热。

6

将刀尖插入虾的头胸部之间的壳的缝隙处绕一圈，从腹部切开。

7

将虾的头胸部放在温度略低的低温区（170℃），加点水。

8

立刻盖上铜盖，加热头部的虾膏约 3 分钟。

9

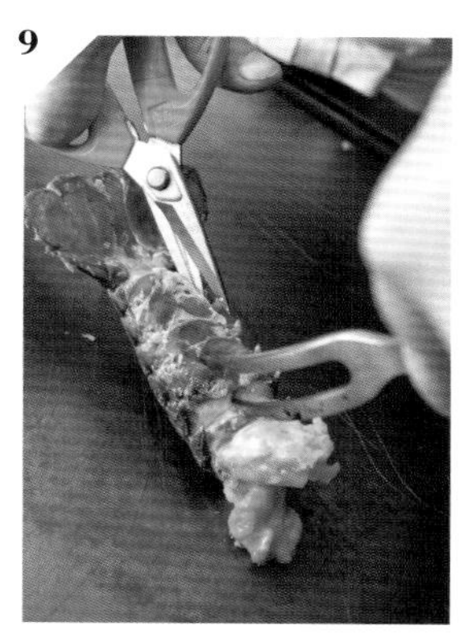

虾腹朝上，用肉叉按住，用剪刀剪下腹足，再用刀尖挑除。

10

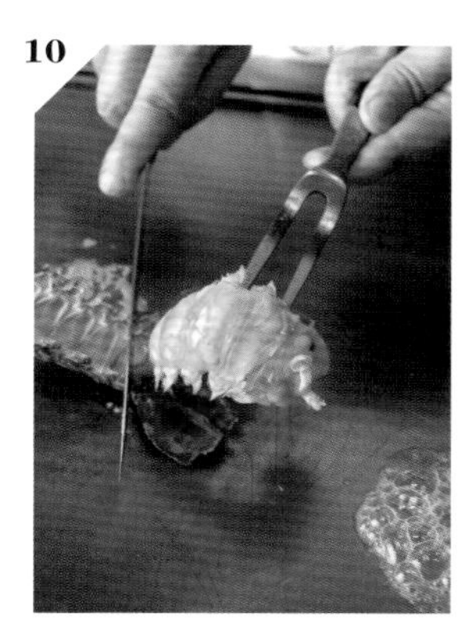

将黄油放在 150℃的铁板上烧熔化，虾放在黄油旁边，用肉叉插进虾肉中，扭转肉叉，把虾肉取出。

11

虾肉立刻放在黄油上，迅速煎两个侧面。在背部划一刀后切开。淋上白酒，使虾肉沾匀，盛盘。

12

打开加热虾头胸部的铜盖，剥离虾上部的壳。

13

从壳中挖出虾膏，盛盘。

» **浇少量水**

煎虾时，淋上少许水，在壳的内部焖煎，此时虾壳相当于铜盖的作用。

Part 2
用套餐吸引客人

传统铁板烧多以套餐的形式售卖。最近，人们对美食的需求更加多样化，许多创意菜单应运而生。通过“从前菜到甜点”的套餐菜单，如何善用铁板，用美味和动作来吸引客人呢？本章中列举了 4 家非常受欢迎的铁板烧餐厅的套餐菜单。

六本木海亭餐厅

东京，六本木

根据客人的要求来配置套餐，技术、创意与服务同步进行

日本 UKAI 集团于 1964 年创办，最开始在东京近郊八王子创办了的地炉炭火烧烤店，后来业务扩展，有铁板烧、豆腐料理、海鲜料理、甜点等不同领域，在各领域都占有重要地位。铁板烧料理是 1974 年由八王子的一号店开创的。其他做铁板烧的还有东京的 3 家店，以及神奈川的 2 家店，这些店是东京、神奈川区域里最有影响力的铁板烧料理，并且在中国台湾也有分店。

由于是集团店，可以统一采购特定的农场里的和牛这种上等食材，这是其优势。此外，四五十年前到今天，一直执行鼓励人才培养的策略，为那些钻研厨艺、提高技艺的厨师提供支持和奖励。店面的装修和装饰品，都是精心打造的。更重要的是，各店都有不同的特色，这是该集团的独特的优势，各家店的菜单不同，工作方式也不同。

2018 年最新开设的六本木店，拥有 6 间包厢，采取的是吧台的形式。深红色的吧台座位显得餐厅的氛围十分高雅。晚上的套餐价格由 3.3 万日元（约人民币 1620 元）起，其招牌高级定制套餐则是 3.85 万元（约人民币 1890 元）起。菜单内容不是一成不变的，客人预约时会询问客人的需求，如有的客人喜欢更多的白松露，有的客人则指定要吃松叶蟹等，再与别的料理组合成套餐。厨师长冈本让先生学的是法式料理，还有在美国工作的经历。

为了让上等食材充分发挥其美妙滋味，厨师有很多妙招。铁板后的厨师非常会察言观色，提供细心体贴的服务，所以能得到好评，老顾客很多。

高级订制套餐

- 01 -

盐焗毛蟹腿与鱼子酱
配布里尼薄饼

- 02 -

北海道白芦笋
配帕马森芝士

- 03 -

茶熏菲力牛排
佐花山椒

- 04 -

鱼翅炒面
佐甲鱼清汤

- 05 -

煎江户前白带鱼

- 06 -

盐焗鲍鱼
佐松露酱

- 07 -

UKAI 极品牛排

- 08 -

毛蟹与乌鱼子
砂锅饭

- 09 -

哈密瓜
配马斯卡彭慕斯

- 10 -

花色小蛋糕

烹调 / 冈本 让

出生于日本静冈县。于法式料理名店工作 14 年，担任过连锁店的主厨，后在美国加利福尼亚的餐馆工作 4 年。2009 年进入（株）UKAI 公司，担任“野海亭”餐馆的厨师长，2018 年在“六本木海亭”餐厅开创之初就担任厨师长。

食材展示

先向客人展示黑毛和牛的里脊肉、菲力牛排、臀肉，以及山珍和海鲜等时令食材，一顿美餐由此开始，店内的6个半包厢里各有不同的厨师。如果是高级订制套餐，每个包厢的餐食都不一样，不过其和牛肉使用的都是“田村牛”，这家农场位于鸟取县和兵库县交界处，养殖长期饲养的和牛。

－01－

盐焗毛蟹腿与鱼子酱配布里尼薄饼

先用香草的香气让人胃口大开；然后煎制布里尼薄饼；去除蟹腿壳，取出蟹腿肉等，动作行云流水，非常吸引客人的眼光。

材料

毛蟹腿（事先以霜降法处理）
布里尼薄饼面糊
鱼子酱
洋葱酸辣酱
蛋松
酸奶油
柠檬瓣
金箔

1

将足量的盐放在180℃的铁板上，抹平。

2

在盐的中央淋上适量水，然后放上罗勒和莳萝等数种香草。煎热后，盐堆开始冒出蒸汽。

3

将毛蟹腿放在香草上，淋少许橄榄油和水，盖上铜盖后开始盐焗。

4

将布里尼薄饼面糊倒在200℃的铁板上，煎成布里尼薄饼。

5

两面都煎成焦黄色，侧面也转动着煎一下，然后放在（已经盛入酸奶油、蛋松、洋葱酸辣酱、柠檬瓣）盘子上。

6

蟹腿焖煎约 5 分钟后，打开铜盖。

7

将蟹腿放平，用煎铲剥壳取肉。腿尖留下备用，用于制作高汤。

8

将蟹肉整齐地排列在铁板的低温区，淋上柠檬汁。使用煎铲铲起蟹肉，放在布里尼薄饼上，放上鱼子酱，点缀金箔。

- 02 -

北海道白芦笋配帕马森芝士

材料

白芦笋（预先煮熟）
帕马森芝士（36个月）
蜂蜜
黑胡椒碎（塔斯马尼亚产）

丰富的时蔬，以简单的方式烹调。白芦笋煮熟后，连锅上桌，厨师现场烹调。

1

将煮熟的白芦笋送到客人面前，打开锅盖让客人闻一下清香味。

2

将白芦笋用铁板煎烤，沾裹上刨碎的帕马森芝士，盛盘。

帕马森芝士刨碎，沾裹在白芦笋上。淋上蜂蜜，再撒上现磨的黑胡椒碎，增添特殊风味。

- 03 -

茶熏菲力牛排佐花山椒

材料

黑毛和牛菲力牛排 …40克
盐之花
花山椒（预先煮熟）
花山椒泥
清汤

1

在250℃的铁板上撒薄薄一层盐之花，将黑毛和牛菲力牛排的侧面煎硬。然后翻面，使4个侧面都沾上盐之花并且煎硬。

2

去除周围的盐，然后将上下的切面煎硬。

3

牛排的6个面都煎硬的状态。

将菲力牛排在铁板上慢慢煎烹翻面，然后用茶叶烟熏。过程中要时刻关注上色的程度和中心的熟度（中心温度达到62℃为宜）。打开铜盖，开始分切肉，那美妙的焦黄色是最吸引客人的所在。

将分切好的肉放在花山椒泥上面，再倒入清汤，上面撒上花山椒。肉的细腻的鲜味、淡淡的烟熏味、花山椒的刺激风味，有机地融为一体。

4

黑毛和牛菲力牛排移动至低温区。侧面朝下，盖上铜盖，低温加热5分钟，中途打开翻面。

5

放上热的备长炭[一]，炭上放伯爵茶叶，肉放在旁边，所有东西一起罩上铜盖。

6

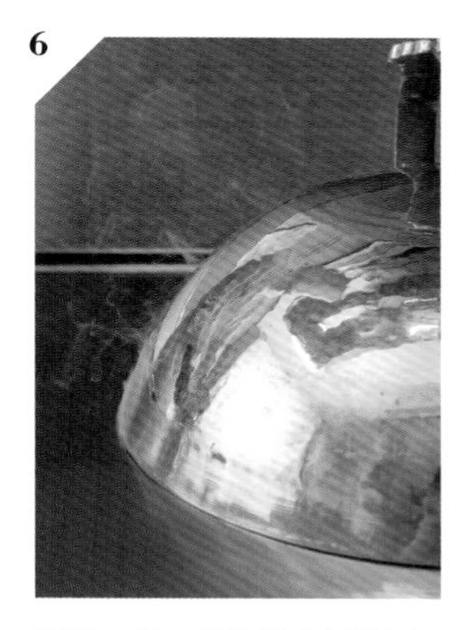

烟熏30秒，烟熏要在低温区进行。

7

打开铜盖，取走备长炭，黑毛和牛菲力牛排从侧面一切为二。

[一] 备长炭为天然木炭中的优质品种。

\- 04 -

鱼翅炒面
佐甲鱼清汤

在享用铁板烧套餐的过程中，为了让客人清口，有时会提供小份炒面，搭配冷的甲鱼清汤，再用雪莉酒喷雾增添香气。

材料

甲鱼清汤与冰沙
人造鱼翅
面条
青柠、雪莉酒

\- 05 -

煎江户前白带鱼

肥美的白带鱼先切段再煎，肉汁细嫩多汁，不会变干缩水。操作中可以向客人展现精湛的铁板烧技法：双手执煎铲将起泡的黄油沾在鱼段上，用煎铲去鱼骨取肉。

材料

白带鱼（切段）
姜味酱汁
翡翠茄子
罗勒泥

1

将白带鱼段撒上盐、黑胡椒碎，两面都沾上高筋面粉。

2

铁板烧至 250℃，倒入生榨芝麻油。白带鱼段拍除多余的面粉，放在油上，将四周的油都归拢在鱼旁边。

3

翻面煎。去除混合了面粉的油，补充新油。

4

再次翻面。清除油面渣。放黄油烧熔起泡，用煎铲拨到鱼底部。

5

白带鱼段翻面。用煎铲把黄油归拢在鱼旁边，使白带鱼吸收黄油的香气。

6

铲起黄油浇在白带鱼段上。

7

去除多余的黄油，把白带鱼段移到低温区，盖上铜盖，中途打开翻面。

8

在加热过的小锅中放入罗勒泥和翡翠茄子，再放在铁板上。

9

打开铜盖，煎铲插入中骨两侧，取下白带鱼肉。

10

翻面分离白带鱼肉和鱼骨，白带鱼肉盛盘。

姜味酱汁清爽可口，搭配味道浓郁的白带鱼段和罗勒泥拌翡翠茄子，完美和谐。

– 06 –

盐焗鲍鱼 佐松露酱

这是UKAI亭几十年来的招牌菜。使用一个完整的不分切的鲜活鲍鱼制作。搭配松露酱，让美味的鲍鱼更加鲜美。

材料

活鲍鱼（带壳）
昆布
柠檬片
松露酱

1

铁板烧至220~230℃，倒上油，放上重叠的两片大竹叶，其上放整只连壳活鲍鱼，鲍鱼上放醋渍龙蒿与柠檬片。

2

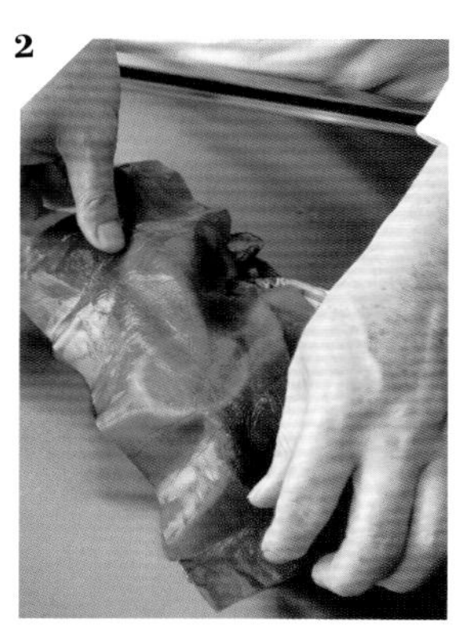

在鲍鱼的上方盖上泡发的昆布，然后撒上足量的盐将鲍鱼埋起来。

3

淋点水打湿盐堆。

4

盖上铜盖后，焖煎15~20分钟（根据个头大小调整时间）。

5

打开铜盖，扒下盐壳。

6

使用刀和肉叉，去壳取鲍鱼肉，放在铁板上，将鲍鱼肝切下来。

7

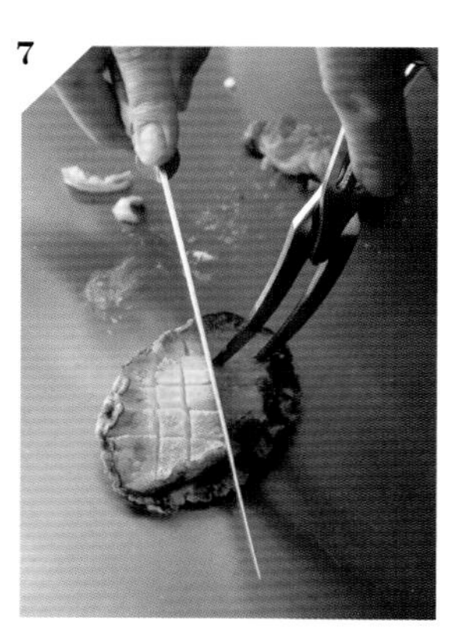

鲍鱼肉四周修整齐，表面剞花刀。

8

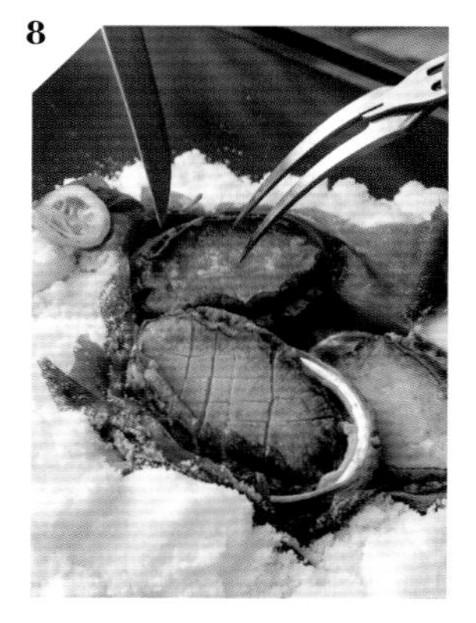

再把鲍鱼肉放回壳中（若直接放铁板上会加热过度）。

9

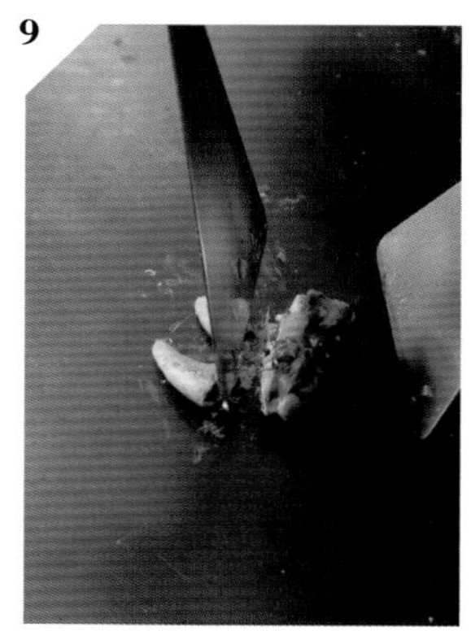

铁板上放橄榄油，煎鲍鱼肝，撒上盐、黑胡椒碎。

单只鲍鱼的重量约 130 克，单只 200 克的鲍鱼会分成 2 份，都不切片，这样能充分体会到鲍鱼的筋道。盛盘时先放上白奶油酱汁。把松露酱里的松露捞出放在鲍鱼上，香气就会四处飘散。

- 07 -

UKAI 极品牛排

在不同的高级定制套餐中，不变的是最受客人青睐的牛排。为了让客人享受外焦里嫩的口感，所以牛排切成骰子状，并搭配佐料和配菜。

材料

黑毛和牛沙朗牛排
蒜片
广式白菜
酱油渍山葵泥
山葵泥
黑胡椒碎（柬埔寨产）
复合酱油

精心设计的牛排盘子，是唐津陶艺家大郎右卫门的作品。牛排会搭配复合酱油。

1

在铁板的低温区倒上生榨芝麻油后立刻放上蒜片翻炒。

2

在颜色快要变成金黄色时，清除油，在蒜片上撒盐，放在铁板的边缘，沥油后装入容器中。

3

黑毛和牛沙朗牛排从冰箱的冷藏室取出，不需回温，撒盐、黑胡椒碎。

4

在 270℃的铁板上倒入生榨芝麻油，放上黑毛和牛沙朗牛排，有调料的一面朝下，把油归拢到牛排旁边，朝上的一面撒上盐、黑胡椒碎。

5

底部煎上色后（约 2 分钟），翻面。

6

煎肉时，油脂会渗出，为了防止油脂加热产生哈喇味，要及时清除掉。

7

煎 2 分钟后，移至低温区静置 5 分钟（视肉的煎烹程度调整时间）。

8

将广式白菜放在高温区，在根部剞上刀痕，盖上铜盖焖煎。

9

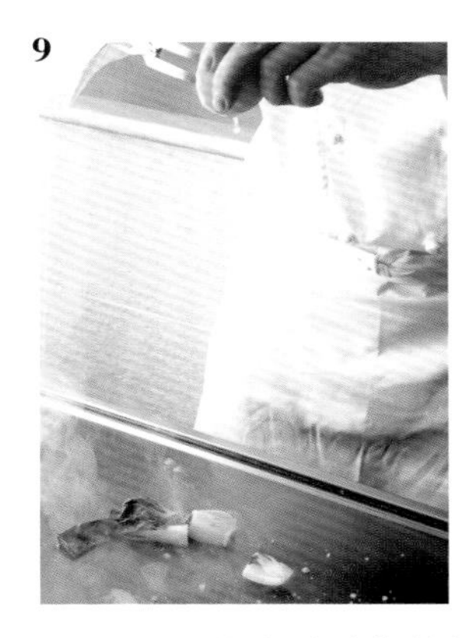

撒上盐、黑胡椒碎，复合酱油倒在煎铲上，再淋在广式白菜上，切成一口大小，挤上柠檬汁。

10

黑毛和牛沙朗牛排此时已经煎好，外表焦黄，喷香扑鼻。

11

牛排切成 3 条长条。

12

将各面稍微煎一下，移至高温区，分切成一口大小，盛盘。

- 08 -

毛蟹与乌鱼子砂锅饭

套餐的收尾是主食，有砂锅饭、面条、蒜香炒饭、意式炖饭等，砂锅饭中使用了瑶柱、黑松露、海胆、乌鱼子、毛蟹等，看着就很美味。套餐的开始和结束都有毛蟹，会加强客人对于美味的记忆。

材料

嫩姜饭
毛蟹肉碎
乌鱼子切片
岩海苔味噌汤
小菜

米饭加上爽口的嫩姜末和毛蟹肉一起蒸熟，然后展示给客人。

- 09 -

哈密瓜 配马斯卡彭慕斯

甜点有3种：慕司、布丁、白玉汤圆红豆汤这类暖胃的小点。此甜点是以马斯卡彭慕斯、哈密瓜果肉、哈密瓜酱与哈密瓜冰沙层叠而成。

- 10 -

花色小蛋糕

这些诱人的小蛋糕，让人虽然肚子已经很饱，还是忍不住想拿。有柠檬周末蛋糕、焦糖香蕉马卡龙、巧克力甘纳许蛋挞、开心果意式脆饼、坚果覆盆子牛轧糖。

这些美味的小蛋糕不在吃饭的餐厅，而是在另一个可以欣赏整排榉木的酒吧厅中。小蛋糕以现烤的玛德琳蛋糕为主，其浓郁的香气和质朴的外形备受欢迎。

盐焗毛蟹腿与鱼子酱配布里尼薄饼（52页）

【毛蟹的预处理】

单只800克的毛蟹的腿取下，入沸水汆烫，再放入冷水中（霜降法）。蟹螯和蟹壳可煮高汤（两者都可以于砂锅饭）

【布里尼薄饼】

高筋面粉 …160克
泡打粉 …12克
细砂糖 …36克
盐 …3克
全蛋 …1个
牛奶 …150克
酸奶 …150克

【洋葱酸辣酱】

洋葱碎中拌入混合香料、柠檬汁、法式调味汁、酸豆、盐。

【蛋松】

鸡蛋煮熟，蛋白和蛋黄分别用筛网压碎后混匀。

北海道白芦笋（54页）配帕马森芝士

【白芦笋的预处理】

将白芦笋削皮。水烧沸，放入芦笋皮、适量盐、半个柠檬、百里香，放入白芦笋煮熟。

茶熏菲力牛排佐花山椒（54页）

【花山椒泥】

花山椒（煮熟）
萝卜泥的汁
细香葱
清汤
生榨芝麻油

所有材料放入料理机中搅打，然后加盐调味。

【清汤】

将牛腱肉肉糜、生火腿的边角肉、香草蔬菜、白高汤煮好，过滤后制作澄清汤。再度放入牛腱肉肉糜和少许鸡腿肉肉糜、月桂叶、百里香、带皮压碎的蒜一起煮，加入几滴酱油和粗磨黑胡椒碎，然后用布过滤。

鱼翅炒面佐甲鱼清汤（56页）

【甲鱼清汤】

甲鱼 …2只
a 红酒 …1440毫升
水 …1800毫升
昆布 …3片
姜、葱 …各适量

甲鱼剁下头部，放血，切块。将甲鱼（内脏除外）和材料 **a** 放入锅中小火煮4小时，过滤。

【甲鱼清汤冰沙】

将甲鱼清汤冷冻后，刨成碎冰。

【清汤煮人造鱼翅】

人造鱼翅泡软煮好。剥散后，用甲鱼清汤稍微煮一下，直接浸泡在汤里放凉。

煎江户前白带鱼（56 页）

【罗勒泥拌翡翠茄子】

圆茄子

a | 罗勒
  | 特级初榨橄榄油
  | 蒜

1 圆茄子去皮，抹上盐和橄榄油，用保鲜膜包好，入微波炉加热 3~5 分钟。

2 材料 **a** 用料理机打成泥。

3 茄子一切为四。小锅放在铁板上，放入茄子和材料 **a** 拌匀。

【姜味酱汁】

a | 姜（切碎）
  | 红葱头（切碎）
  | 百里香
  | 醋渍酸豆（切半）

橄榄油

法国诺里帕特苦艾酒

葛粉

贝类高汤 *

1 将加热的小锅放在铁板上，倒入橄榄油烧热，然后放入材料 **a**，散发香气后，加入法国诺里帕特苦艾酒，让酒精蒸发。

2 贝类高汤用水淀粉（葛粉）勾薄芡，然后加入小锅中，使酱汁乳化。

*【贝类高汤】

a | 大贻贝、文蛤

b | 姜（切成厚片）
  | 葱（葱绿的部分切成大段）
  | 西芹叶
  | 昆布 …1 片（长 20 厘米）

水 …适量

将材料 **a** 和材料 **b** 取同等重量，放入锅中，倒入刚没过材料的水，煮沸后取出昆布，再煮 5 分钟熄火，浸泡 30 分钟后过滤。

盐焗鲍鱼 佐松露酱（58 页）

【松露酱】

a | 马德拉酒
  | 白兰地

红宝石波特酒

b | 浓缩肉汁
  | 清汤

油封松露

松露汁

c | 鲜奶油
  | 黄油

1 将材料 **a**（两者同等分量）和少许红宝石波特酒倒入锅中，熬煮到快干时加入材料 **b** 煮干后过滤。

2 将油封松露（松露加水煮沸后挤干，与橄榄油拌匀，真空密封后以 70℃ 加热 30 分钟）切成 1 厘米见方的小丁，用黄油炒一下，再加入松露汁，熬煮一会儿。

3 以上食材拌匀，加入材料 **c** 即可。

【水煮韭葱】

韭葱的绿色部分切长条，为了保留口感，在沸盐水中略焯一下。

UKAI 极品牛排（60 页）

【酱油渍山葵泥】

将山葵磨成泥，加入少许酱油和煮沸后酒精已蒸发的味淋，腌渍半个月左右。

【复合酱油】

a | 油 …900 毫升
  | 味淋 …450 毫升
  | 昆布 …1 片（20 厘米见方）

柴鱼片 …1 把

材料 **a** 煮沸，熄火，放入柴鱼片冷藏浸泡 3 天后，取出过滤。

毛蟹与乌鱼子 砂锅饭（62 页）

将大米淘净，加入切成粗末的嫩姜、水和毛蟹高汤（两者同等分量），用砂锅煮饭，上面放毛蟹的腹部、螯、腿等部位的蟹肉一起煮米饭。

哈密瓜 配马斯卡彭慕斯（63 页）

【马斯卡彭慕斯】

马斯卡彭芝士 …100 克

a | 细砂糖 …15 克
  | 增稠剂 …8 克

脱脂浓缩乳 …20 克

牛奶 …30 克

鲜奶油（乳脂肪含量 40%）…50 克

1 材料 **a** 拌匀，和搅散的马斯卡彭芝士混匀。

2 加入余下的材料拌匀，冷藏至少半天，装入氮气瓶中。

【哈密瓜冰沙】

将哈密瓜榨汁，加入水和细砂糖拌匀后冷冻后打成冰沙。

【哈密瓜酱】

哈密瓜汁打成冰沙，再用凝固剂增加浓度。

京都凯悦饭店“八坂”

京都，高台寺

由法式料理为基础演化的
新式铁板烧

2019年秋天，位于京都东山的京都凯悦饭店正式开业，这儿挨着高台寺，周围都是历史建筑，这家饭店环境静谧、规模不大但很奢华。

饭店里有一间知名的小餐厅——八坂。吧台座位三面围绕着铁板，窗外是八坂之塔，如一幅优美的风景画，是一处很特别的所在，和一般的铁板烧料理店不同，因为其充满法式高雅格调。

主厨久冈宽平先生，曾在法国餐馆工作了16年，经验丰富，是在巴黎获得米其林一星评价的优秀厨师。他认为八坂沿袭日本铁板烧的本质，同时又以法式料理为基础。

晚餐有3种：有5道料理的传统铁板烧套餐27830日元（约1345元人民币），有6道料理的固定价格套餐32890日元（约1590元人民币），以及很有创意的主厨精选套餐37950日元（约1834元人民币）。主厨精选套餐的主菜可以选择山形县和牛，或以法式料理为基础的肉料理。

八坂的一大特色是“以团队分工的方式制作料理”。在久冈先生的管理下，由多位煎烹师傅在不同的料理、不同的烹调阶段通力合作，使料理能够及时提供给客人。另一大特色是：普通的铁板烧以肉为主，但八坂的铁板烧其海鲜占比很大。但不是所有的法式料理都可以用铁板来烹饪，要先找出那些能用铁板煎烹的料理，组合成套餐，再安排工作流程。因为把法式料理以铁板烧的方式呈现，所以法式料理和铁板烧均焕发出新的生机与活力。

主厨精选套餐

- 01 -
今日三种开胃小菜

- 02 -
烤甜菜根与山羊芝士
佐柑橘油醋汁

- 03 -
海胆车虾鱼子酱
配布里尼薄饼

- 04 -
加利西亚风味章鱼
佐罗梅斯科酱与西班牙香肠

- 05 -
骏河湾海螯虾与
扇贝鞑靼

- 06 -
马赛鱼汤

- 07 -
清口小菜

- 08 -
南法锡斯特龙产小羊背肉
佐青蒜泥

- 09 -
牛肉时雨煮煎饭团
配茶泡饭

- 10 -
守破离冰沙

- 11 -
蜜桃梅尔芭

- 12 -
小茶点与伴手礼盒

烹调 / 久冈宽平

出生于日本奈良县。20 多岁去法国学厨，在蒙彼利埃和巴黎的“弗雷尔·普鲁塞尔”、拉纳普尔的“罗阿吉斯”等餐馆学习。2016 年担任巴黎“拉特里菲耶尔”餐馆的厨师长时，获得了米其林一星的称号。2019 年，就任京都“八坂”的厨师长。

－01－

今日三种开胃小菜

将口味精美的法式酥皮鸭肉派等法式料理制作成一口大小，当作开胃小菜，客人可以喝香槟或啤酒搭配开胃小菜，享受正餐前的时光。

材料

油封梭子鱼三明治
法式酥皮鸭肉派
龙虾咸蛋糕

－02－

烤甜菜根与山羊芝士佐柑橘油醋汁

在套餐上桌前，时令的冷菜小碟也可作为开胃小食。甜菜根烤好，搭配山羊芝士，再加上清爽的青苹果和香气扑鼻的松露。

甜菜根洒上法国诺里帕特苦艾酒后烤熟。这道凉菜有着奶香味浓厚的芝士、清脆的青苹果。柑橘油醋汁更是增添了清新的味道。

以土豆为主，尽可能少用面粉的布里尼薄饼，味道柔和，铺上鲜美的鱼子酱、海胆、车虾。

－03－

海胆车虾鱼子酱
配布里尼薄饼

鱼子酱和布里尼薄饼是经典搭档，加上其他配料，鲜美无比。薄饼就在客人面前煎烹成型，这是八坂的招牌菜之一。

材料

布里尼薄饼面糊
车虾
生海胆
鱼子酱
酸奶油
鸡尾酒酱汁
细叶香芹

1

铁板上倒上米油，圈模的内侧涂抹米油，放在铁板的油上，圈中倒入布里尼薄饼面糊，比框高出5毫米。

2

待面糊基本固定后，取下圈模，不要碰触面糊，继续加热至上色后翻面，将两面都煎成金黄色。

3

煎饼的同时，在铁板上煎车虾（去壳的）。两个侧面都煎上色后，纵切为二。

4

将煎好的饼移到铁板边缘，涂抹酱汁和酸奶油，放上配料。

– 04 –

加利西亚风味章鱼 佐罗梅斯科酱与西班牙香肠

西班牙的乡土料理以稍微不同的技巧加以变化，令人耳目一新。提前把章鱼治净，把章鱼和土豆在铁板上煎烹，搭配罗梅斯科酱（以红甜椒为基底制成的坚果风味酱）和西班牙香肠。

材料

章鱼（和歌山产，预先煮熟）
油封土豆
风干的西班牙香肠
罗梅斯科酱
西班牙香肠奶油酱
绿莎莎酱
切碎的榛子
金盏花叶
自制佛卡夏面包

八坂的铁板烧风格是“团队分工合作”。两位厨师在铁板前，共同完成一道料理，或多道料理。

1

每一道料理在烹制前都会向客人展示食材，这道料理有章鱼、土豆、柳橙、罗梅斯科酱、西班牙香肠等，属于西班牙风味。

2

铁板烧至 220℃，倒上油，放上章鱼、油封土豆，煎至上色。

3

将佛卡夏面包放在铁板上，煎至 4 面焦黄。西班牙香肠放在铁板的中温区，煎到油汪汪、圆滚滚。

4

土豆盛盘，倒上 3 种酱。将柠檬汁挤章鱼上，盛盘，撒上柳橙皮屑和红椒粉。

3 种酱汁不论搭配章鱼还是土豆都非常相称。多余的酱汁可以当作面包蘸酱。

－05－

骏河湾海螯虾与扇贝鞑靼

单只 200 克的海螯虾在铁板上煎至最佳状态，会激发出虾的鲜甜。搭配的紫苏、芫荽、盐曲辣椒酱，亚洲风味的刺激的鲜香，和虾是绝配，令人胃口大开。

材料

海螯虾
盐曲辣椒酱
扇贝鞑靼
扶桑花凝冻
紫苏花穗
芫荽油

切下海螯虾的螯、腿、触角，用来制作马赛鱼汤的高汤，展示给客人时要保留虾头（切除腹部和背部的壳）。虾头也煎香，在马赛鱼汤完成时使用。

1 将油倒在 220℃的铁板上，去头海螯虾（不需撒盐）以背部朝下的方式放在铁板上。

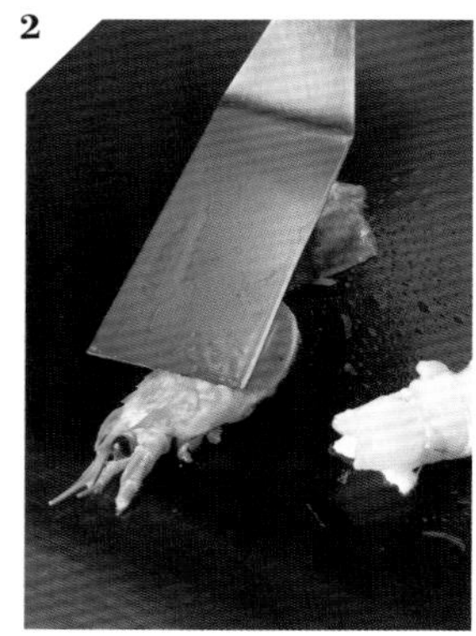

2 虾头纵向一切为二（切面朝下）放在铁板上，按压住虾头煎熟（约 3 分钟）。

3 虾翻面，使之均匀煎上色。

4 将虾腹部朝下，按压煎熟（约 1 分钟）。

5 在虾的背部涂上盐曲辣椒酱。

6 用喷火枪稍微烤一下。

这是热菜，搭配冷菜扇贝鞑靼。紫苏与芫荽的香气和鲜甜的虾搭配完美。

－06－

马赛鱼汤

这道有名的汤品是主厨亲自熬煮出的法式料理精华与海鲜结合而成的招牌料理。使用各种昂贵的食材，熬制出考究的海鲜汤，而且加入煎过的海螯虾虾头，增添了香气。

材料

马赛鱼汤的高汤
三线矶鲈鱼鱼块、金眼鲷鱼鱼块
贻贝
白葡萄酒
羽衣甘蓝
番红花煮茴香
蒜泥蛋黄酱
自制乡村面包

1

将前一道料理中煎香的海螯虾虾头淋上少许干邑白兰地，稍微煮一下（图片左上角）（右下是马赛鱼汤的高汤）。

2

将海螯虾虾头加入马赛鱼汤的高汤中煮一会儿，海螯虾虾头煎烹过，其产生的香气会溶入汤中。

3

将贻贝、红葱头碎、意大利香芹、白葡萄酒放入锅中煮。贻贝开壳就取出。

4

将步骤3的汤再煮一会儿，加入黄油煮匀，取部分淋在开壳的贻贝上。

5

将三线矶鲈鱼鱼块、金眼鲷鱼鱼块的皮朝下放在铁板的高温区，按压着煎烹鱼皮。番红花煮茴香也放铁板上煎。

6

鱼皮下面的胶质渐渐煎熔后，移到低温区，放上羽衣甘蓝，盖上铜盖焖煎3分钟。

7

打开铜盖，两种鱼块翻面后，撒盐、黑胡椒碎，放入步骤3的汤中，把两种鱼块煮入味。

8

按压虾头过滤高汤，充分榨出鲜味。

9

马赛鱼汤的高汤以茶筅搅拌过滤后，盛盘，再加入两种鱼块、贻贝、茴香盛盘，上面摆上羽衣甘蓝。

马赛鱼汤的主角是汤。搭配自制的乡村面包、蒜泥蛋黄酱，让客人尽情享用铁板烧制作的法式料理。海鲜主要选择时令产品，有时会将海鲜在铁板上煎到半熟，再放高汤里煮一会儿。

- 07 -

清口小菜

番茄鞑靼和番茄风梨雪酪、腌渍嫩姜一起享用。有着特殊的酸爽风味，但酸味并不强烈，可以清口。

番茄鞑靼是将京都产的熟番茄切小丁，加上浓缩石榴汁和盐调味。

- 08 -

南法锡斯特龙产小羊背肉佐青蒜泥

在法国南部的锡斯特龙地区以牧草饲养的羊肉，别有风味，羊肉块在铁板上慢煎，一边煎一遍淋上黄油，把羊肉煎得细嫩多汁，香气四溢。

材料

小羊背肉…2 根（带骨）
绿芦笋
青蒜叶酱
干番茄哈里萨辣酱
柠檬风味小羊酱汁
鳀鱼风味坚果奶酥

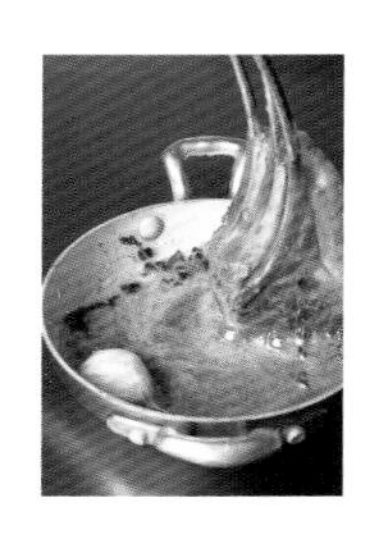

1

将小羊背肉的脂肪朝下放在铁板的中温区，不翻动慢慢煎。

2

煎 5 分钟后至表面变成金黄色，将切面稍微煎硬。

3

将小羊背肉竖起来，用夹子固定，稍微煎硬。

4

铁板上放小铜锅，加入黄油、蒜、百里香。

5

黄油烧至起泡，放入小羊背肉。

6

不断收集黄油淋在小羊背肉上。煎三四分钟就翻面。

7

淋黄油可以加热小羊背肉，而且还可以把热力传到肉的中心。

8

小羊背肉放入铜锅约 15 分钟后，通过按压感受的弹性来确认熟度，撒上盐、黑胡椒碎。

9

在羊肉快要煎好时，将绿芦笋放在铁板上，滚动着煎，煎好后用喷火枪烤出焦色。

搭配 2 种酱（青蒜叶酱、干番茄哈里萨辣酱）上桌，客人可品尝不同的味道。最后撒上鳀鱼风味坚果奶酥。

– 09 –

牛肉时雨煮煎饭团配茶泡饭

在铁板上煎烹小饭团，用时令的配料和高汤做成茶泡饭。

材料

加入牛肉时雨煮的糙米饭团
鸡高汤
葱白、阳荷、青紫苏、红蓼

– 10 –

守破离冰沙

在甜点前提供的小冷食。上面的配料是薄荷拌哈密瓜。

– 11 –

蜜桃梅尔芭

这道料理主料是柠檬马鞭草风味的糖煮白桃，搭配不同温度、口感和味道的配料，包括香气十足的坚果酥、香草冰淇淋等。

材料

糖浆煮白桃
坚果酥
法式布丁挞
香草冰淇淋
杏仁酱
覆盆子

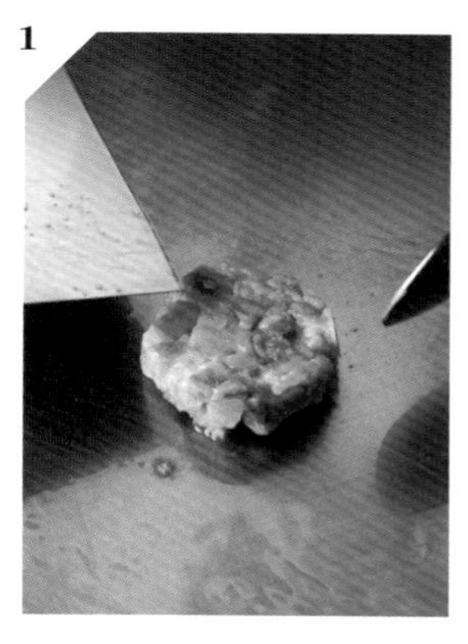

将圈模放在铁板上，倒入坚果酥面糊后，稍微煎定型后，取下圈模，把两面都煎成焦黄色。

将法式布丁挞和糖煮白桃放在铁板上，在白桃上面撒些红糖，用喷火枪烤成焦糖。

铁板上放上小锅，加入覆盆子、柠檬汁，淋上樱桃酒后，点火燃烧。

加入覆盆子酱汁，稍微煮一下。

坚果酥作为白桃底座。

－12－

小茶点与伴手礼盒

餐后的茶饮，搭配的小茶点是柚子软糖和黑巧克力。伴手礼盒是 3 种不同口味的可丽露，分别是酒粕、开心果与柚子口味。

今日三种开胃小菜（68页）

【油封梭子鱼三明治】
梭子鱼鱼片用盐腌渍，再抹上橄榄油低温加热。分切后煎烹表面，放在切片面包上，点缀加了绿胡椒碎和粉红胡椒碎的青酱。

【法式酥皮鸭肉派】
迷你法式酥皮鸭肉派的直径是3厘米，点缀物是酸黄瓜、山葵。

【龙虾咸蛋糕】
这个蛋糕中间掺杂了龙虾的边角肉，上面点缀了芝士（拌入醋渍红葱头和细香葱）、芒果块和胡萝卜花。

烤甜菜根与山羊芝士佐柑橘油醋汁（68页）

1 在甜菜根上洒上法国诺里帕特苦艾酒，用铝箔纸包好，进烤箱以180℃烘烤约1小时，取出切片，用柑橘油醋汁（姜末、蜂蜜、柠檬和青柠的果汁与表皮、特级初榨橄榄油）调拌。
2 将山羊芝士（用牛奶调稀）盛盘后，再放上甜菜根、青苹果细条、柑橘油醋汁、可食用花、松露。

海胆车虾鱼子酱配布里尼薄饼（69页）

【布里尼薄饼面糊】（混合材料）

全蛋	…100克
土豆泥	…200克
酸奶油	…56克
荞麦粉	…8克
低筋面粉	…8克
盐	…4克
泡打粉	…3克
葱白（切小丁）	…适量

加利西亚风味章鱼佐罗梅斯科酱与西班牙香肠（70页）

【章鱼的预处理】
用盐揉搓章鱼（2千克）后清洗干净。在锅中装满水，放入章鱼、1片昆布、2瓣蒜、4枝百里香、2枝迷迭香、盐，煮沸后转小火煮45分钟，熄火，浸泡放凉，取出章鱼切成一口大小。

【油封土豆】
把土豆（五月皇后品种）与蒜、百里香、橄榄油一起真空包装，用90℃的热水加热约1小时，取出，切成1厘米厚的片。

【罗梅斯科酱】

	番茄（一切为二）	…2个
	红甜椒（一切为二）	…1个
a	洋葱、胡萝卜、姜	各10克
	烟熏红椒粉	…3克
b	雪莉酒醋	…2克
	杏仁粉	…10克
	特级初榨橄榄油	…适量
	蒜泥、盐	…各适量
	青柠	…适量

1 将番茄、红甜椒入烤箱以180℃烘烤约15分钟。番茄压滤成泥，红甜椒切碎。
2 将材料**a**的洋葱、胡萝卜、姜放入锅中拌炒，不要炒到上色，加入烟熏红椒粉后炒2~3分钟。加入步骤**1**的食材，用小火煮到水分收干，加入材料**b**后，用料理机搅打。上菜前用蒜、青柠皮碎屑和青柠汁、盐调味。

【西班牙香肠奶油酱】
将切薄片的西班牙香肠和洋葱用小火充分拌炒，加入刚没过食材的鲜奶油熬煮1小时，然后放入料理机中搅打。

【绿莎莎酱】
将香草（意大利香芹、细叶香芹、龙蒿、细香葱等）、柠檬皮、特级初榨橄榄油放入料理机中搅打，加盐调味。

骏河湾海螯虾与扇贝鞑靼（72页）

【盐曲辣椒酱】
将盐曲、辣椒酱、蒜蓉、特级初榨橄榄油、柠檬汁混匀。

【扶桑花凝冻】

a	香槟醋	…500克
	水	…80克
	细砂糖	…80克
b	红紫苏	…300克
	扶桑花（干燥）	…15克
	洋菜	…2克
	明胶片	…9克

1 将材料**a**混合后煮沸，加入细砂糖煮匀，熄火，加入调料**b**，盖上锅盖闷一会儿，过滤。
2 过滤后的汤汁取125克，加入洋菜、明胶片溶化。在长方形深盘中倒入薄薄一层汤汁冷却凝固。上桌时用圈模压出圆形的凝冻。

【扇贝鞑靼】
将扇贝的瑶柱迅速汆烫一下，立刻捞入冰水中泡凉，捞出切小丁，与煮毛豆、樱桃萝卜丁、小黄瓜丁混合，用盐曲油醋汁（盐曲、柑橘的果汁和皮屑、特级初榨橄榄油）调拌。使用圈模压出形状，盛在盘中，上面摆放扶桑花凝冻，再用紫苏花穗点缀。

【芫荽油】

特级初榨橄榄油	…1升
芫荽叶	

一半油放在冰块上冰镇，另一半加热至120℃，加入芫荽叶稍炸，倒入冰镇的橄榄油，再倒入料理机打匀，在阴凉处可存放2天。

马赛鱼汤（74 页）

【马赛鱼汤的高汤】

各种鱼 …4 千克
蓝龙虾虾头 …10 个
干邑白兰地 …750 毫升
白酒 …300 毫升

a
- 胡萝卜（切小丁） …90 克
- 洋葱（切小丁） …90 克
- 西芹（切小丁） …90 克
- 茴香（切小丁） …90 克

熟番茄（切小丁） …3 千克
番茄糊 …100 克

b
- 八角 …10 个
- 茴香子 …1 大匙
- 芫荽子 …1 大匙
- 龙蒿 …3 盒
- 月桂叶 …6 片
- 百里香 …10 枝

1 将各种鱼治净切成大块，放入烤箱中烤至稍微上色。

2 锅中加油烧热，煎龙虾的头，然后捣碎，用中火炒到汁液在锅底形成焦渣，分 3 次倒入白兰地，煮至收干汤汁，加入烤好的鱼，分次加入白酒煮。

3 另取小锅，放入材料 **a** 炒，加入熟番茄丁炒一下。

4 将步骤 **3** 的食材、番茄糊加入步骤 **2** 的食材中，加入刚没过食材的纯净水，用大火煮沸，撇除浮沫后转小火，加入材料 **b** 再煮 40 分钟。

5 熄火，浸泡 30 分钟，用料理机打碎后过滤两次。

【番红花煮茴香】

将茴香头切成一口大小。把番红花、茴香子、蔬菜清汤一起真空包装好，放入 96℃的蒸气烤箱中烤 20 分钟。

【蒜泥蛋黄酱】

使用蛋黄、橄榄油制作蛋黄酱，加入蒜泥、柠檬汁调味。

南法锡斯特龙产小羊背肉佐青蒜泥（76 页）

【青蒜泥】

用少量水煮青蒜叶（100 克），趁热与少许黄油一起放入料理机中打成泥。

【干番茄哈里萨辣酱】（混合材料）

半干番茄（用刀剁碎）…20 克
哈里萨辣酱 …1 大匙

【鳀鱼风味坚果奶酥】

a
- 榛子（烤过） …30 克
- 杏仁（烤过） …30 克

面包粉 …20 克
黄油 …40 克
鳀鱼酱 …1 大匙
酸豆橄榄酱 * …20 克
柠檬皮（刨碎） …1 个

* 将黑橄榄、酸豆、鳀鱼、橄榄油用料理机打成泥。

【柠檬风味小羊酱汁】

小羊酱汁 …50 毫升
砂糖 …1 大匙
柠檬汁 …适量
黄油 …适量

将砂糖和柠檬汁放入小锅中，制作焦糖醋酱，加入小羊酱汁后稍微收汁，出锅前加入黄油搅拌，增添光泽，用盐、黑胡椒碎调味。

蜜桃梅尔芭（78 页）

【坚果酥的面糊】

低筋面粉 …200 克
泡打粉 …8 克

a
- 细砂糖 …15 克
- 全蛋 …50 克
- 洋槐蜂蜜 …8 克
- 牛奶 …200 克

b
- 发酵奶油 …400 克
- 红糖 …400 克
- 盐之花（卡马格产）…7.5 克
- 杏仁粉 …450 克
- 低筋面粉 …425 克

焦糖榛果

1 将混合好的材料 **a** 加入过筛后的低筋面粉、泡打粉中拌匀，静置约 1 小时。

2 将材料 **b** 搅拌成松散的粗粒，与步骤 **1** 的食材拌匀，倒入圈模，入烤箱以 160℃烤。

3 烘烤前，将步骤 **1** 的食材取 30 克，步骤 **2** 的食材取 40 克，焦糖榛果取 30 克，混匀后也倒入圈模中。

【法式香草布丁挞】

a
- 牛奶 …180 克
- 全蛋 …48 克
- 细砂糖 …40 克
- 卡士达粉 …20 克
- 玉米粉 …4 克

黄油 …20 克
樱桃酒 …20 克

材料 **a** 煮匀，加入黄油、樱桃酒后过滤，取 35 克倒入直径 5 厘米的圈模中，入烤箱以 180℃烘烤 18~20 分钟。

【糖浆煮白桃】

白桃（去皮）

a
- 白酒 …500 克
- 水 …500 克
- 细砂糖 …150 克
- 海藻糖 …50 克
- 柠檬果汁 …15 克

柠檬马鞭草（新鲜的）…2 克

用材料 **a** 煮成糖浆，加入柠檬马鞭草略煮，过滤后放凉。把糖浆与白桃真空包装好，以 80℃加热至桃子变软。

芦屋Baycourt俱乐部餐厅

兵库，芦屋

每月更换主题，开发新的故事来吸引新客人，留住老客人

Resorttrust（株）在日本全国各地推出度假酒店，不断扩大事业版图，旗下开设多间铁板烧餐馆，不过最受欢迎的当属芦屋 Baycourt 俱乐部餐厅，该餐厅位于高级住宅区旁的海湾，外观像一艘豪华客船，以套房和会员制的形式营业。

餐厅有 2 组吧台座位，提供铁板烧，可供 16 人就餐。套餐起步价 14300 日元（约 699 元人民币），基本有 4 种套餐，最受欢迎的是庆祝套餐 39600 日元（约 1935 元人民币）。每个月都会推出不同主题的“主厨的餐桌”套餐 55000 日元（约 2687 元人民币）。“主厨的餐桌”套餐有“7 月 / 夏天的味道与世界三大珍味（松露、鹅肝、鱼子酱）”“9 月 / 秋天的味道与日本三大和牛（神户、松阪、近江）”，在 10 月时，会推出每天限量一桌的 11 万日元（约 5374 元人民币）的特别套餐，由主厨小椋贴身服务，大显身手，这种套餐更是一桌难求。

小椋先生表示：“对那些吃惯了国内外美食的人来说，想给他们带来惊喜，除了采购顶级食材外，还要不断开发附有创意的烹调手法和服务。”利用低温烹调、炭火、铁板 3 次加热的极品牛排，用马赛鱼汤的烹调方式制作的海鲜铁板烧等，融入法式料理的技法也是一个新创意。此外，以日本冰雕冠军的卓越技法，把甜点用冰雕来装盛，在投影片上绘图后铺在盘子上，并送给客人当伴手礼，这些饮食之外的服务也都颇具匠心。

另外，公司平时很注重对年轻员工的技能指导，并且会开展铁板烧比赛，来推动技能的进步和提升。

本月“主厨的餐桌”——法式乡土料理与神户牛肉

- 01 -

梦幻鱼子酱、比目鱼与蔬菜拼盘
佐香槟酱

- 02 -

煎鹅肝附惊奇松露

- 03 -

伯恩慈济院红酒炖牛舌

- 04 -

濑户内海的海鲜
制作的马赛鱼汤

- 05 -

蓝龙虾铁板烧
佐龙虾酱

- 06 -

蛋白霜冰沙

- 07 -

香脆蒜片与蒜酱

- 08 -

两款神户牛肉铁板烧：
菲力牛排与沙朗牛排

- 09 -

加泰罗尼亚风味海鲜饭

- 10 -

自制可丽饼

烹调 / 小椋大助

出生于日本京都府。曾在大阪日航酒店任职，后担任京都格兰维亚酒店的法式料理、意大利料理、“铁板烧 五山望”的厨师长，还担任过法国科尼克地区“缪科餐馆”的厨师长。2018 年，就任“时宜 铁板烧”主厨，是（一社）日本铁板烧协会认证厨师。

食材展示

当天要使用的食材，会陈列在一个特别的展示板上，供客人参观。除了当地神户牛肉的优等牛排、濑户内海的新鲜鱼贝之外，全是鱼子酱、松露、鹅肝这些高档食材。搭配有七色 LED 照明灯和干冰效果，会令人对即将吃到的美食热切盼望。

低温烹调制作的比目鱼，味道清淡而鲜美，衬托出埃玛斯鱼子酱的浓鲜。

- 01 -

梦幻鱼子酱、比目鱼与蔬菜拼盘佐香槟酱

埃玛斯（ALmas）鱼子酱产自伊朗，是极其珍惜的鱼子酱，以这种高贵的食材拉开一餐的序幕，非常令人期待。先吃一口鱼子酱，然后搭配比目鱼，还有蔬菜拼盘和香槟酱。

材料

埃玛斯鱼子酱

比目鱼

蔬菜拼盘

香槟酱

– 02 –

煎鹅肝附惊奇松露

鹅肝用低温真空烹饪的方法制作，然后放铁板上煎上色，再盖上铜盖焖煎一下，直到中心也烹熟。“惊奇松露”名字的来源是：切开后，会有松露酱汁从里面流出，令人惊奇。

将无花果泥和香草蛋糕盛盘，再放上煎好的鹅肝，附上惊奇松露。

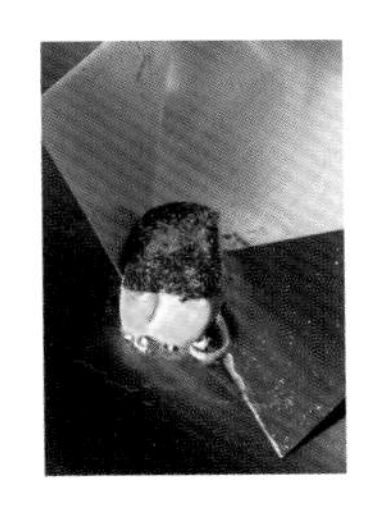

材料

焖煎鹅肝
惊奇松露
无花果泥
香草蛋糕

– 03 –

伯恩慈济院红酒炖牛舌

此料理的红酒是伯恩慈济院红酒，耗费 6 小时制作出柔嫩可口的牛舌。这道菜在套餐中第三个出场，有红酒香气和口感温和的牛舌。

将牛舌、土豆泥在铁板上烹制，制作酱汁的小锅也在铁板上加热，制作好盛盘，撒上埃斯佩莱特辣椒粉增加香气。

材料

炖牛舌
伯恩慈济院红酒酱
土豆泥
叶菜类沙拉

－04－

濑户内海的海鲜制作的马赛鱼汤

产自濑户内海的新鲜海鲜，先用铁板煎，然后放入马赛鱼汤的高汤中略煮下。海鲜的煎法各不相同，值得一看。在第三道料理上菜后立刻开始烹制马赛鱼汤，让客人一边吃一边欣赏铁板上的表演。

材料

石头鱼	活鲍鱼
竹麦鱼	人造鱼翅（预先煮熟）
明石鲷	马赛鱼汤的高汤
明石章鱼	佛卡夏面包脆片
大蛤蜊	香草沙拉

各种食材烹制好，精心摆盘，附上涂有蒜泥蛋黄酱的佛卡夏面包片和香草沙拉。

1

铁板上放烧烤网，再放上活鲍鱼，倒入少许水，盖上铜盖加热30秒，然后去壳取肉。

6

大蛤蜊淋上蒜油煎上色后翻面，两面都煎上色后用刀一切为二。

11

开始煎石头鱼，煎时也要用压肉器压平。

2

去掉烧烤网，将鲍鱼的肝朝下放在 200℃的铁板上，用鲍鱼壳罩住。

3

煎鲍鱼肝时，上面的鲍鱼肉也在加热，持续加热 30 秒。

4

拿掉鲍鱼壳，用刀分离鲍鱼肝，鲍鱼肉和鲍鱼肝都切分好盛盘。

5

将大蛤蜊打开壳放在铁板上，旁边放上黄油烧熔，大蛤蜊去壳取肉，放在黄油上煎熟。

7

铁板上倒入蒜油，放上明石章鱼须，煎上色后（约 40 秒）翻面，略煎后一切为四。

8

将人造鱼翅放在铁板上，煎上色后翻面煎，一切为二。

9

将明石鲷的皮朝下放在铁板上煎 2.5 分钟（为了避免鱼皮受热收缩变形，要先用压肉器压住，待定型后再撤掉），剥下鱼皮。

10

将明石鲷鱼皮那面的鱼肉煎 1 分钟，翻面略煎，一切为四盛盘。将鱼皮翻面煎，淋上少许油，放在低温区慢慢煎。

12

石头鱼鱼皮面煎香后翻面略煎一下。

13

再翻面煎下，一切为四，在这个阶段，稍微加热一下即可（海鲜都是略煎即可，后面会放入高汤里煮）。同法煎竹麦鱼。

14

石头鱼、竹麦鱼、明石鲷、明石章鱼、大蛤蜊、鲍鱼先撒点盐调味。锅中倒入马赛鱼汤的高汤加热，放入鲍鱼壳、石头鱼、竹麦鱼、明石鲷、大蛤蜊肉，鲍鱼肉放在表面。

15

马赛鱼汤的高汤煮沸后，取出鲍鱼壳，加入明石章鱼、人造鱼翅，盖上锅盖，煮沸后熄火，即可上桌。

煮好的虾螯裹上面糊炸一下。尾部和切半的头部放在铁板上略微加热，尾部去壳后，用黄油煎。虾头和煮过的虾腿肉淋上特级初榨橄榄油，用加盖的炭锅烟熏 15 分钟。

－05－

蓝龙虾铁板烧
佐龙虾酱

将蓝龙虾的尾部做成铁板烧，虾头和虾腿肉用烟熏烤，虾螯煮后裹上面糊油炸。不同部位处理方式不同，最终同时出菜，添加龙虾酱佐食。

材料

活蓝龙虾
龙虾酱
香草沙拉
红酒盐

－06－

蛋白霜冰沙

用寿司的“姜片”制作的清口用冰沙，有姜味却不见姜，这是为了衬托神户牛肉的美味而特制的。

将烤好的蛋白霜捏碎，与香草汁混合后冷冻，打碎后放刨下的柠檬皮。

将蒜切片后泡水，用纸巾擦干，放在 150~160℃的铁板上煎烤。

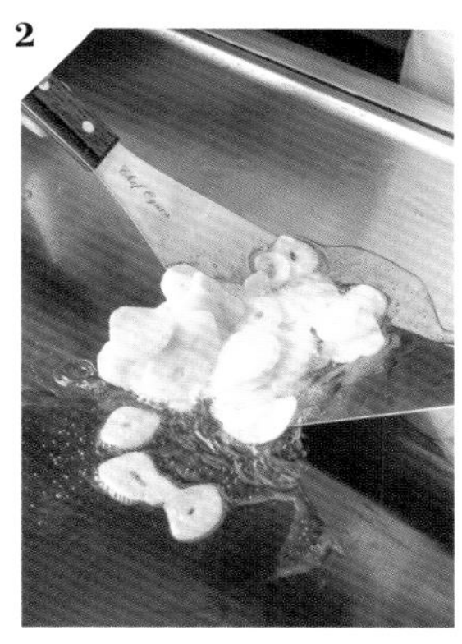

加入蒜的分量 3 倍的红花籽油，慢慢炒蒜片。

蒜片炒软后，取出一半放入小锅中，稍后倒入一半步骤 5 沥出的油，放在铁板的边缘加热 5 分钟，用甜味酱汁调拌。

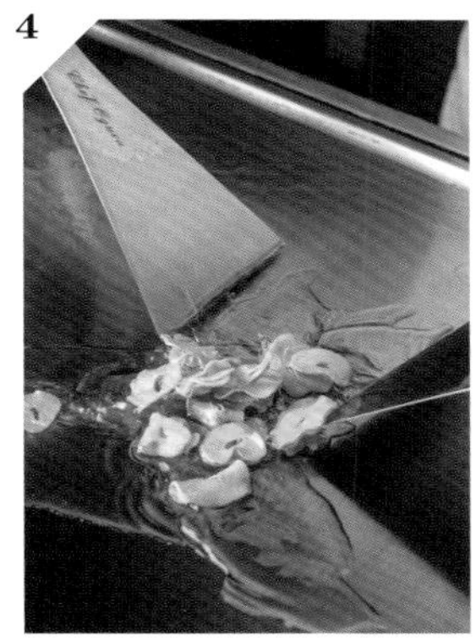

留在铁板上的蒜片炒到快要变成焦黄色。

在完全上色前放入筛网中沥油（余温会持续加热），撒盐。

– 07 –

香脆蒜片与蒜酱

在主菜的肉料理上桌之前，会提供香脆蒜片。蒜片是在套餐一开始，趁铁板的温度较低时煎烤的。在蒜煎上色前取出一半，和甜味酱汁调拌，则成为又一道下酒菜。

客人来店用餐时，厨师就会询问客人对蒜是否忌口，以准备合适的分量。如果客人一开始就想吃蒜，厨师会按客人要求提供，不够的话可以再添。

- 08 -

两款神户牛肉铁板烧：菲力牛排与沙朗牛排

将菲力牛排细细煎制，以保持多汁的口感。沙朗牛排先用 44℃的低温烹调 20 分钟，然后当着客人的面用炭火烤到香气扑鼻。用两种烹调方式可发挥不同部位牛肉的特性，给客人享受神户牛肉的鲜香和美味。

1

铁板烧至 210~ 220℃，放少许蒜油。菲力牛排切成 2.5 厘米厚的片，两面都撒盐和黑胡椒碎，放在蒜油上煎。

2

煎 1.5~2 分钟后翻面，再煎 1.5~2 分钟。

3

沙朗牛排切成 3 厘米厚的片，两面也撒上盐和黑胡椒碎，插入铁扦。在菲力牛排翻面时，放上沙朗牛排，放入炭锅中盖上铜盖烟熏 30 秒。

4

打开铜盖，将沙朗牛排翻面，盖上铜盖，再烟熏 30 秒。

5

将两种牛排都放在烧烤网上，拔出沙朗牛排中的铁扦。

6

盖上铜盖，放在铁板的低温区静置加热 2~3 分钟。

7

将吐司压成圆形，放在盘中。一旁附上盐、八割黑胡椒碎、洋葱片。

8

将两种牛排放在铁板的高温区略微煎烹，再移回低温区分切，放在吐司上。

材料

菲力牛排…40 克
沙朗牛排…40 克
盐
八割黑胡椒碎 *
洋葱切片
吐司和山药的三明治
各种香辛佐料

* 将整粒黑胡椒切成 8 等份后捣碎成粗粒。

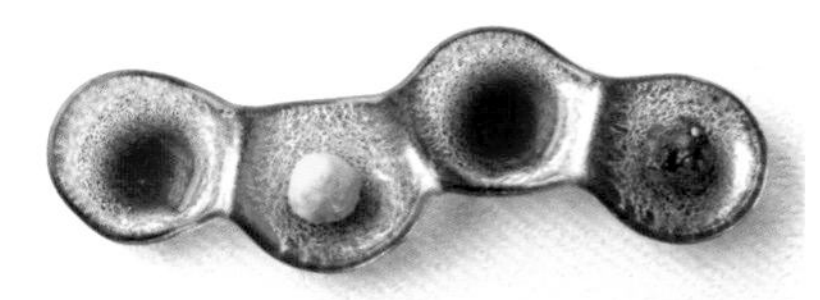

将菲力牛排、沙朗牛排一起盛盘，蘸碟有青柠醋、山葵泥、蒜味酱油和青辣椒味噌。

9

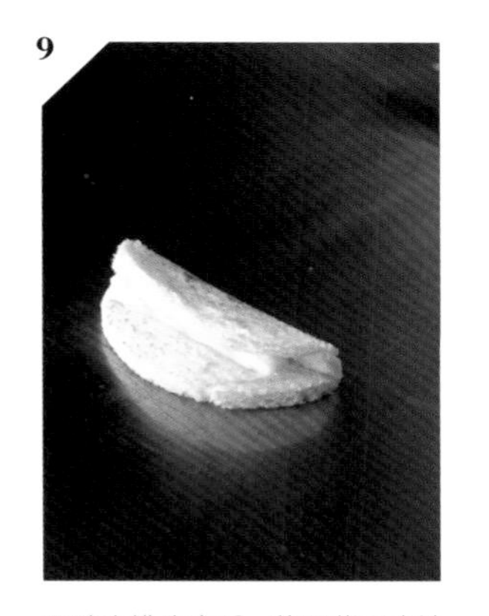

两种牛排吃完后，将吸收了肉汁的吐司收回来，放在铁板上烤，然后夹上山药和芝麻酱后对折。

将垫在肉底下的吐司拿回来烤正是铁板烧的经典特色，肉汁的香气搭配清脆的山药也是一种美好的享受。

– 09 –

加泰罗尼亚风味海鲜饭

以加泰罗尼亚风味为主导，用卡马格米和卡马格产的盐之花制作出石锅海鲜饭，用部分米饭在铁板上煎成脆脆的锅巴。推荐的吃法有：直接吃；加入香辛料拌着吃；加入香脆蒜片后做成茶泡饭；按自己的喜好吃。

香辛佐料有细香葱、青柠、盐渍鲑鱼子和香脆蒜片。

材料

西班牙海鲜饭
锅巴
茶泡饭高汤
香辛佐料和香脆蒜片

– 10 –

自制可丽饼

在客人面前煎好可丽饼，组装成蛋糕。当客人取下四周的塑料片时，半固体的慕斯会流淌下来，堆成一个半球形。

铁板上放上可丽饼用平底锅，倒入可丽饼面糊，用铁板煎好，加上细腻甜蜜的慕斯，口感轻盈。

材料

草莓香蕉可丽饼
草莓慕斯
白芝士慕斯
卡士达酱
巧克力酱
草莓脆片和草莓粉
薄荷
金箔

梦幻鱼子酱、比目鱼与蔬菜拼盘佐香槟酱（84页）

【比目鱼与蔬菜拼盘】

比目鱼
根菜类（红心萝卜、黄色和紫色胡萝卜、螺旋纹甜菜根等）
叶菜类、食用花卉、莳萝花
雪莉酒油醋汁
四季橘油醋汁

1 将比目鱼切成一口大小的鱼片，撒点盐，真空包装好，用52℃的热水隔水加热8分钟。
2 根菜都切片，用雪莉酒油醋汁调味；叶菜类则用四季橘油醋汁调味。
3 摆盘时要摆出色彩缤纷的感觉。

【香槟酱】

红葱头（切碎）…150克
a 香槟…500毫升
  月桂叶…1片
  百里香…1枝
鱼高汤…500毫升
鲜奶油（乳脂含量38%）…1升
黄油、柠檬汁…各适量

锅中倒入黄油，倒入撒上盐的红葱头翻炒，加入材料 **a** 后收汁，加入鱼高汤，煮至收汁，加入鲜奶油、黄油后煮至收汁，然后加柠檬汁调味。

煎鹅肝附惊奇松露（85页）

【鹅肝的预处理】

鹅肝…1千克
a 盐…10克
  黑胡椒碎…2克
  细砂糖…2克
  白波特酒…60毫升
  干邑白兰地…30毫升

将鹅肝与材料a真空包装好，用44℃的热水隔水加热15分钟。

【惊奇松露】

松露酱*
鸡肉慕斯（鸡胸肉、蛋清、盐）
a 低筋面粉
  全蛋
  松露面包粉

1 将松露酱倒入松露造型的硅胶模具中，冷冻定型。
2 脱模后，表面涂上薄薄一层鸡肉慕斯，再次冷冻。
3 滚上材料 **a**，放入180℃的油中炸，上菜时，用130℃的烤箱加热10分钟。

【无花果泥】

无花果用黄油煎一下，倒入料理机中搅打后过滤。

【松露酱】

a 红宝石波特酒…300毫升
  马德拉酒…200毫升
松露（切碎）…30克
干邑白兰地…50毫升
浓缩的小牛高汤…600毫升
黄油…适量
盐、黑胡椒碎…适量

1 将材料 **a** 煮至只剩余1/3的量。
2 锅中加入黄油烧熔，放入松露翻炒，加入浓缩的小牛高汤、干邑白兰地，加入步骤1的酒，煮至收汁，加入黄油搅拌，以增添光泽，再加盐、黑胡椒碎。

伯恩慈济院红酒炖牛舌（85页）

【炖牛舌】

牛舌
a 红酒（伯恩慈济院红酒）…1.5升
  洋葱、胡萝卜、西芹、蒜、百里香、月桂叶…各适量
小牛高汤…2升
低筋面粉、盐、黑胡椒碎…各适量

1 取牛舌重量0.9%的盐搓揉牛舌，冲洗干净，加材料 **a** 真空包装好，腌渍一夜。
2 取出牛舌，滚上低筋面粉，用平底锅煎上色。
3 锅中加入腌牛舌的汁加热至酒精挥发，倒入小牛高汤，加入牛舌，连锅入90℃的蒸气烤箱中烤6小时。
4 取出牛舌，汤汁过滤后加盐、黑胡椒碎，将牛舌放回汤汁中浸泡一夜。

【伯恩慈济院红酒酱】

红酒（伯恩慈济院红酒）…500毫升
红酒醋…50毫升
a 红宝石波特酒…200毫升
  马德拉酒…100毫升
牛舌煮汁…500毫升
盐、黑胡椒碎…各适量

1 将红酒醋煮至收汁，加入材料a，煮至只剩下1/3的量，加入红酒，再次煮至剩下1/3的量。
2 将牛舌煮汁煮至剩余300毫升，与步骤1的汁混合后熬煮收汁，用盐、黑胡椒碎调味。

【土豆泥】

将土豆煮好后炒干，然后过滤成泥状，加入牛奶和黄油混匀，用盐、黑胡椒碎调味。

濑户内海的海鲜制作的马赛鱼汤（86 页）

【鱼翅的预处理】

将泡发的人造鱼翅蒸好，加入酒、姜、葱一起煮透。

【马赛鱼汤的高汤】

鱼杂 …1 千克
蒜 …3 瓣
a 洋葱（切小丁） …1 头
胡萝卜（切小丁） …半根
西芹（切小丁） …2 根
茴香头（切小丁） …半个
b 番茄 …2 个
整个罐头番茄 …200 克
月桂叶 …2 片
百里香 …2 枝
白酒 …300 毫升
茴香酒 …100 毫升
加水稀释熬煮过的龙虾酱…2 升
番红花 …适量
特级初榨橄榄油 …适量
盐、黑胡椒碎 …各适量

1 将鱼杂放入烤箱中先以 200℃烤 15 分钟，再以 130℃烤 30 分钟，烤干。
2 将特级初榨橄榄油和蒜放入大锅中炒，加入材料 **a** 翻炒出香气后，加入鱼杂和材料 **b**、龙虾酱，大火煮沸，撇除浮沫，转小火煮 15 分钟，过滤。
3 过滤后的汤汁煮至剩下一半的量，加入番红花、盐、黑胡椒碎、特级初榨橄榄油调味后再次过滤。

【佛卡夏面包脆片】

蒜、蛋黄、山葵、白酒醋、特级初榨橄榄油放入牛奶中略煮，放入料理机中高速搅打成蒜泥蛋黄酱，抹在烤过的佛卡夏面包片上。

蓝龙虾铁板烧佐龙虾酱（88 页）

【龙虾酱】

蓝龙虾（切成大块） …2 千克
蒜 …2 瓣
干邑白兰地 …50 毫升
a 洋葱（切小丁） …半头
胡萝卜（切小丁） …半根
西芹（切小丁） …1 根
番茄糊…50 毫升
白酒…100 毫升
b 月桂叶、龙蒿、百里香 …各适量
番茄（切碎） …1 个
水 …2 升
橄榄油适量

1 锅中加入橄榄油，放入蒜炒香，香气渗入橄榄油后，放入蓝龙虾块拌炒。
2 锅底出现焦色后，倒入干邑白兰地并点火燃烧。加入材料 **a** 炒，再加入番茄糊混合。倒入白酒，溶解粘在锅底的黏质食材，然后加入材料 **b**，煮 20 分钟。
3 过滤后调味，煮至收汁。

【蓝龙虾螯】

蓝龙虾螯 …2 只
a 蛋黄 …2 个
低筋面粉 …100 克
气泡水 …100 毫升
色拉油 …15 毫升
盐 …少量
b 蛋清 …2 个
盐 …少量
龙蒿、细叶香芹 …各适量

1 将材料 **a** 混合冷藏 30 分钟。将材料 **b** 打发起泡，与材料 **a** 混合，加入切碎的龙蒿、细叶香芹成面糊。
2 蓝龙虾螯放水锅中煮至半熟，裹上面糊油炸。

蛋白霜冰沙（88 页）

【冰沙】

a 蛋清 …400 克
细砂糖 …800 克
朗姆酒 …适量
b 水 …2 升
迷迭香 …2 枝
薄荷叶 …8 片
柠檬香茅 …4 片

1 用材料 **a** 制作蛋白霜，加入朗姆酒拌匀，在硅胶烘焙垫上铺平，入烤箱以 145℃烘烤 40~60 分钟，然后用搅拌机打碎。
2 用材料 **b** 泡成香草茶，浸泡静置 10 分钟后用纸过滤，放凉。
3 以上食材放入钢杯中混匀，冷冻成型后，取出打成冰沙。

香脆蒜片与蒜酱（89 页）

【蒜酱】

味淋 …400 毫升
砂糖 …50 克
生抽 …200 毫升
老抽 …50 毫升
蒜（切片） …150 克
巴萨米克醋 …10 毫升
昆布 …1 片（20 厘米见方）

将味淋加热至酒精挥发掉，加入余下的材料，用小火煮 3 小时，取出昆布，倒入料理机中高速搅打，冷藏一夜。

两款神户牛肉铁板烧：菲力牛排与沙朗牛排（90 页）

【青柠醋】

酱油 …1 升
味淋 …300 毫升
柑橘果汁（柚子 2：臭橙 1：青柠 1）…200 毫升
柴鱼片 …3 把
昆布 …15 克
米醋 …200 毫升

【蒜味酱油】

老抽 …15 升
味淋（加热使酒精挥发）…360 毫升
蒜（切片）…100 克
洋葱（切片）…100 克
牛肉高汤 …1 升

【青辣椒味噌】

a 米味噌（红）…100 克
砂糖 …20 克
葱（烘烤后切碎）…5 克
青辣椒（切碎）…5 克
柴鱼片 …1 把
白芝麻 …5 克

b 萝卜、小黄瓜、蟹味菇
蕨菜、姜（盐渍）…各 5 克
辣椒 …5 克
米味噌（白）…100 克
砂糖 …10 克
酱油 …30 毫升
酒粕 …10 克
盐 …3 克

将材料 **a** 混匀，材料 **b** 混匀，两者按 10：3 的比例混合。

【芝麻酱】

白芝麻酱 …100 克
老抽 …75 毫升
砂糖 …5 克
神户牛肉清汤 …20 毫升
所有材料拌匀即可。

加泰罗尼亚风味海鲜饭（92 页）

【西班牙海鲜饭】

贻贝 …4 个
a 红葱头（切碎）…5 克
白酒 …5 毫升
贝类高汤 …5 毫升
b 洋葱（切碎）…35 克
蒜（切碎）…9 克
猪肩肉（切 1 厘米见方的丁）…100 克
鸡腿肉（切 1 厘米见方的丁）…50 克
西班牙香肠（切 1 厘米见方的丁）…30 克
长枪乌贼（切圈）…200 克
盐、黑胡椒碎 …各适量
c 番茄 …50 克
埃斯佩莱特辣椒粉 …适量
甜椒（红、黄、绿 / 切成细长条）…各 1/3 个
红爪虾 …4 只
d 白酒 …75 毫升
月桂叶 …半片
e 盐之花（卡马格产）…少量
番红花 …适量
鸡高汤 …250 毫升
卡马格米 …200 克
梭子蟹（蒸熟后剥下蟹肉）…1 只
豌豆（煮熟）…适量

1. 贻贝加上材料 **a** 炒至开壳。材料 **b** 炒匀，加上猪肩肉丁、鸡腿肉丁、西班牙香肠丁、长枪乌贼圈翻炒，撒盐、黑胡椒碎，加入材料 **c** 炒熟，去除甜椒。
2. 加入红爪虾和材料 **d**，让酒精挥发后，加入材料 **e** 和炒贻贝的汤汁，煮沸后取出红爪虾、长枪乌贼圈。
3. 加入卡马格米，用大火煮 5 分钟，转小火煮 12 分钟成米饭，加入梭子蟹肉拌匀。
4. 将米饭放入加热至 230℃的石锅中，再放上贻贝、红爪虾、长枪乌贼圈、甜椒与豌豆。

【茶泡饭高汤】

白高汤 …600 毫升
盐 …少量
味淋 …适量
淡口酱油 …适量
所有材料放锅中煮沸即可。

自制可丽饼（92 页）

【可丽饼饼皮】

a 全蛋 …2 个
上白糖 …35 克
低筋面粉 …75 克
牛奶 …250 毫升
黄油 …15 克

1. 将材料 **a** 拌匀，依次加入低筋面粉、牛奶混合。
2. 锅中加入黄油烧熔，加入步骤 1 的食材中，混合搅拌，静置 30 分钟。
3. 将黄油（另取）放入平底锅中烧熔，倒入薄薄一层步骤 2 的食材，把两面都煎定型。

【组装】

可丽饼饼皮
a 草莓切片
香蕉切片
b 卡士达酱
巧克力酱
c 草莓慕斯
白芝士慕斯
d 草莓脆片
草莓粉
薄荷
金箔

1. 将可丽饼饼皮铺在半球形模具里，加入材料 **a** 和材料 **b** 后折成半球形，盛盘，用透明塑料片围成圆筒形。
2. 将材料 **c** 依次挤入圆筒内，放上材料 **d** 后用薄荷、金箔点缀。

琥千房虎之门

东京，虎之门

为实现饮食的多样化，设立了蔬菜套餐

大阪烧烤店“千房”自从1973年在大阪的千日前开业，如今已发展到拥有77家连锁店。

千房的料理分3个等级，分别是“基本”“高雅”，以及包含顶级牛排的“领袖”，2020年开业的“琥千房虎之门”，属于“领袖”等级的旗舰店。店内有铁板吧台座位8个，以及半圆形铁板的包厢6个，装修色调皆为冷色系。

在晚餐的3种套餐中，备受瞩目的是价格中等的玻璃套餐18500日元（约904元人民币），这是铁板烧店当中少见的素食套餐。蔬菜全部使用有机蔬菜，乳制品则用豆浆和纯素芝士替代，不使用蛋，用铁板现煎，甜品则是预先制成半成品，再当场制作成成品。

在千房的料理中不可或缺的大阪烧，不使用鸡蛋，该如何做出差不多的口感呢？经过不断尝试，最后用黄豆粉和山药粉来代替，做成了招牌“蔬菜大阪烧”，店长原敬规先生表示：“铁板既用来煎肉，也用来煎菜，很难符合纯素食者的要求，所以主要面对的是不那么严格的素食客人，或者是吃腻了肉想吃蔬菜换换口味的客人。”

玻璃套餐

- 01 -
番茄冰沙佐红甜椒冷汤

- 02 -
现烹有机蔬菜拼盘

- 03 -
烟熏时令有机蔬菜

- 04 -
蔬菜慕斯

- 05 -
有机双色蔬菜汤

- 06 -
土豆与番茄的美味双拼

- 07 -
八朔柑橘冰沙

- 08 -
法塔玻璃纸
包时令蔬菜

- 09 -
蔬菜大阪烧

- 10 -
芒果布丁

- 11 -
焦糖无花果

- 12 -
小茶点

烹饪 / 原 敬规

出生于日本广岛县。曾在东京的日本料理店工作。2005 年进入千房（株）工作，在大阪的 3 家餐馆积累经验，后在东京的广尾店和惠比寿店担任店长。2020 年 6 月，在“琥千房虎之门”店开创之初就任店长。

用番茄脆片代替面包脆片，别有风味。

- 01 -

番茄冰沙
佐红甜椒冷汤

第一道是使用精选的 1~2 种蔬菜完成的料理，如烤洋葱 + 洋葱泥、茼蒿泥 + 番茄慕斯等。

材料

红甜椒冷汤
番茄冰沙
番茄脆片
豌豆苗

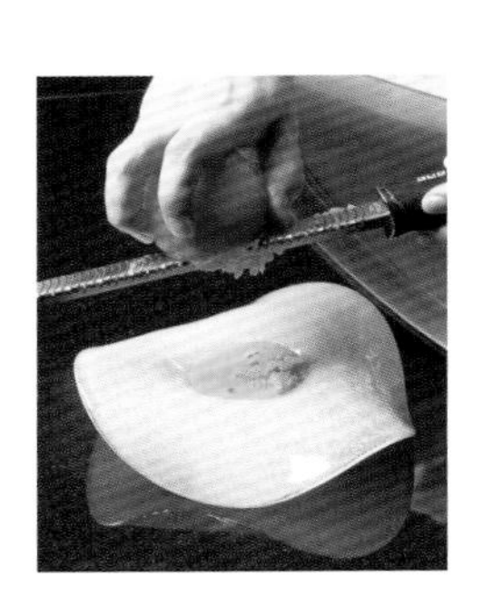

番茄用沸水烫去皮，整个冷冻起来，然后在客人面前刨碎。

使用甜菜根、黑胡萝卜、黑葡萄、红葡萄、香菇等 10 余种蔬菜，用不甜的高汤醋腌渍而成。

- 02 -

现烹有机蔬菜拼盘

将油封蔬菜、腌渍蔬菜、叶菜类沙拉先在厨房准备好，在铁板上做成成品。在铁板上垫一块木板，然后放上砧板，客人能看到现场切分蔬菜，盖上铜盖煎烹，最后分成小份上桌。

材料

各种蔬菜
叶菜类沙拉
甜菜根泥
番茄沙拉酱

– 03 –

烟熏时令有机蔬菜

用铁板煎蔬菜，要如何加点儿变化呢？店家方法是：将当天采购的蔬菜，放在篮子里，让客人自己挑选。上桌时装在带有机关的蒸笼里，一打开盖，烟熏蔬菜的烟就冒出来。

材料

用铁板焖煎的各种蔬菜
萝卜泥
烟熏盐、无色酱油

1

将各种蔬菜展示给客人并挑选，一般客人会选四五种。

2

先煎洋葱等需时较久的蔬菜，加点水，盖上铜盖焖煎。

3

将烧热的烟熏樱桃木放入方形蒸笼的下层，上层用来放蔬菜的木箱放好。

4

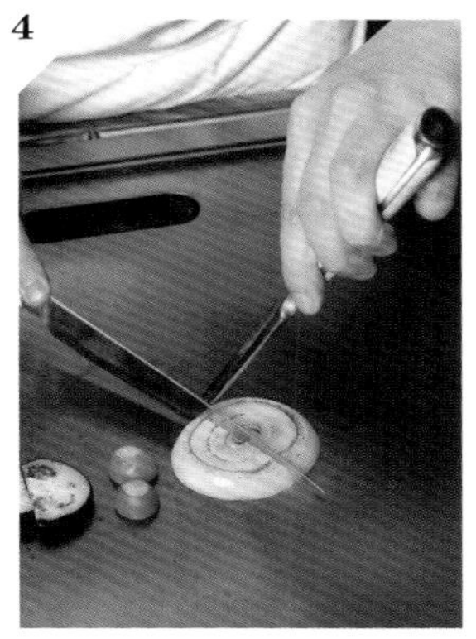

焖煎的过程中将蔬菜翻面，两面都煎上色后，切成容易入口的大小，撒点儿盐，盛装在方形蒸笼的上层木箱里。

图片上的烟熏蔬菜有洋葱、茄子、青龙辣椒、樱桃萝卜。特别使用了无色酱油，看起来像水一样，非常令人意想不到。

将慕斯盛装在容器中，用各种蔬菜脆片和嫩菜叶装饰。也可用甘薯或茄子来增添变化。

– 04 –

蔬菜慕斯

慕斯使用蔬菜制作。

材料

胡萝卜慕斯
各种蔬菜脆片
蔬菜嫩叶

将胡萝卜慕斯装入小锅中，放铁板上加热。

用豆浆为汤底的豌豆汤，和用蔬菜清汤为汤底的洋葱汤，可选择冷食或热食。

– 05 –

有机双色蔬菜汤

这是一道不使用铁板制作的料理，就靠制作的动作来引人注目。同时倒入 2 种不同颜色的汤却不会融合，令人称奇。

材料

豌豆汤
洋葱汤

在客人面前，小心地将 2 种汤同时倒入盘中。

– 06 –

土豆与番茄的美味双拼

在品尝了几道味道温和的料理后，接下来上桌的是口感酥脆与味道醇厚的土豆和番茄料理。用法式春卷皮包住鲜美的番茄酱，放在铁板上煎烹。

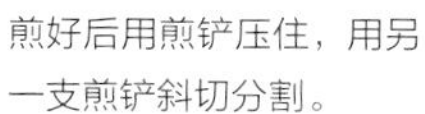

煎好后用煎铲压住，用另一支煎铲斜切分割。

材料

法式春卷皮

番茄酱

多菲内奶油焗土豆

嫩蔬菜叶

1

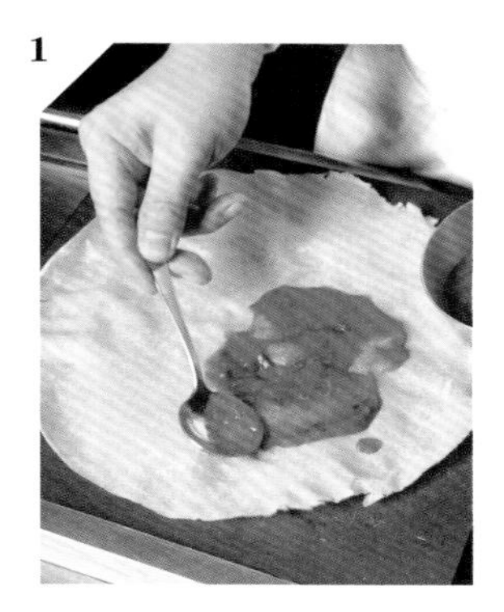

将番茄酱涂在法式春卷皮上，卷成圆柱体，冷冻至定型。

2

铁板上多倒一点特级初榨橄榄油，放上春卷煎 3 分钟左右，不时翻面，共煎 5 分钟。

3

土豆放豆浆里煮熟，放在铁板上加热，土豆上放纯素芝士，用喷火枪烤表面至有焦色。

– 07 –

八朔柑橘冰沙

水果冰沙是通用的清口食材，除了八朔柑橘，还会使用血橙、柠檬、青柠、苹果等水果来制作。有时也会提供罗勒冰淇淋。

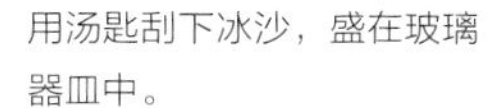

用汤匙刮下冰沙，盛在玻璃器皿中。

开封后淋上松露油，刨下松露屑撒上，松露的香气立即四散开来。蔬菜会用时令蔬菜，所以会更换。

– 08 –

法塔玻璃纸 包时令蔬菜

将切好的蔬菜、蔬菜清汤和特级初榨橄榄油放入耐熟的法塔玻璃纸中，密闭加热。蔬菜包加热时渐渐膨大，看起来很有趣。

材料

各种蔬菜
蔬菜清汤
松露油
松露

– 09 –

蔬菜大阪烧

套餐收尾的主食，可选大阪烧或意式炖饭。蔬食套餐提供的大阪烧是用黄豆粉和山药粉制成的，不使用蛋和肉。这道料理要花费 15 分钟煎制。

1

将面糊和切碎的圆白菜混合均匀。

2

铁板上倒上特级初榨橄榄油，倒入圆白菜面糊，摊成直径 11 厘米的饼（正好是一人份）。

3

煎 3 分钟后翻面，用煎铲把边缘修整齐。

4

通过煎铲按压感受熟度。

5

面糊内部也充分烹熟，需要翻面 4 次至煎熟即成蔬菜大阪烧。

6

淋上大阪烧酱汁和无蛋蛋黄酱。

附上叶菜类沙拉后上菜。与一般大阪烧的味道不同，这道蔬菜大阪烧中的黄豆的口感别具一格。

－10－

芒果布丁

不使用鸡蛋制作而成的芒果布丁。将宫崎县生产的顶级成熟芒果“太阳之子”切片后，附在一旁。

芒果布丁入口即化，加入蜂蜜熬煮的番茄酱则是锦上添花。

－12－

小茶点

将豆沙馅与植物奶油、肉桂粉混合，包入白桃包丁，捏合揉圆成馅心，用求肥饼皮包成一口大小的大福。

千房独创的装盘方式，用大阪烧专用的小煎铲垫底。

－11－

焦糖无花果

第一份甜点是冷食，第二份甜点是温热的拔丝甜点，拔丝的过程可让客人欣赏。

1

无花果滚上细砂糖，放在铁板上煎。

2

用汤匙舀起艾素糖，拉到很高的位置，做拔丝表演。

将拔丝整体放在一起，与煎好的无花果一起上桌。

番茄冰沙佐红甜椒冷汤（98 页）

【红甜椒冷汤】
锅中加特级初榨橄榄油烧热，放入红甜椒片炒软，放入料理机中搅打，过滤，用植物奶油和水调整浓度，冷藏备用。

现烹有机蔬菜拼盘（98 页）

【油封蔬菜】
蔬菜切成适当大小，放入 80℃恒温的特级初榨橄榄油加热 5 小时，连油一起入冰箱冷藏。加蒜的食材或加入澄清黄油的食材，都可以用此方法烹制。

【番茄沙拉酱】
将番茄、盐、红酒醋、特级初榨橄榄油用料理机搅拌而成。

蔬菜慕斯（100 页）

【胡萝卜慕斯】

洋葱（切片） …100 克
胡萝卜（切片） …2 根
水 …适量
豆浆、盐 …各适量

锅中加特级初榨橄榄油烧热，放入洋葱片炒软，加入胡萝卜片稍炒，加入刚没过食材的水，煮到食材变软后，倒入料理机中搅打，过滤，加入豆浆混匀，用盐调味。

有机双色蔬菜汤（100 页）

【蔬菜清汤】
300 克洋葱、300 克胡萝卜、150 克西芹都切片，韭葱切段，放入锅中。再放入 4 瓣蒜（切蓉）、1 个番茄（切丁）、300 毫升白酒、6 升水煮沸，撇除浮沫，加入月桂叶、新鲜香草束、岩盐、白胡椒粒用小火煮 30~40 分钟，过滤后急速冷却。

【豌豆汤】
将豌豆入沸盐水中煮至变软，用筛网压滤成泥，和豆浆一起入料理机中打匀，加盐调味后冷藏。

【洋葱汤】
锅中加特级初榨橄榄油烧热，加入洋葱片炒软，加入蔬菜清汤略煮，倒入料理机中搅打，过滤，加入豆浆混匀，用盐调味后冷藏。

土豆与番茄的美味双拼（101 页）

【番茄酱】
锅中加洋葱碎炒软，加入整个的罐头番茄一起煮，加入罗勒略煮，用盐调味。

【多菲内奶油焗土豆的预处理】
锅中加特级初榨橄榄油烧热，放入蒜蓉炒香，加入 2 厘米见方的土豆块稍微炒一下，加入豆浆略煮，最后用盐、黑胡椒碎调味。

八朔柑橘冰沙（101 页）

【八朔柑橘冰沙】

a 水 …460 毫升
细砂糖 …300 克
b 八朔柑橘果汁 …50 毫升
八朔柑橘果肉（剁碎）…5 克

将材料 **a** 倒入锅中煮沸后放凉，加入材料 **b** 混合搅拌后冷冻后刨成冰沙。

蔬菜大阪烧（102 页）

【蔬菜大阪烧的面糊】

黄豆粉 …30 克
山药粉 …10 克
盐 …适量
特级初榨橄榄油 …20 克
圆白菜（切碎） …100 克

芒果布丁（104 页）

【芒果布丁】

a 芒果（切片） …500 克
细砂糖 …25 克
琼脂混合液 …25 克

将材料 **a** 加热至细砂糖溶化，倒入料理机中搅打，加入琼脂混合液混匀，冷藏至凝固。

【番茄酱】

a 番茄（用沸水汆烫去皮后切碎） …2 千克
细砂糖 …50 克
b 蜂蜜 …100 克
琼脂混合液 …30 克

将材料 **a** 略煮，倒入料理机中搅打，加入材料 **b** 混匀，冷藏至凝固。

Part 3

创意铁板料理

在法式料理、西班牙料理中，“铁板”这种烹调方式也很受青睐。价格适中的铁板烧料理、铁板居酒屋也越来越多。以下介绍几家致力于用心拓展铁板料理可能性的餐馆——介绍它们各自的理念和创意十足的菜单。

Plancha ZURRIOLA

西班牙铁板烧

东京，虎之门

西班牙铁板烧
素食为主的独特魅力

这是米其林2星级的西班牙料理餐“ZURRIOLA”的2号店，位于虎之门，周边有个性的店铺鳞次栉比，形成了一条独特的街道。

店名“Plancha”在西班牙文中是铁板的意思。在西班牙，铁板是餐厅厨房内的基本设备，特别是盛产海鲜的地区，铁板烧经常出现在当地的酒吧和餐馆中。

店主兼主厨的本多诚一先生的目标是：把西班牙的铁板烧，搭配日本优质的海鲜和肉、日式铁板烧吧台。其在餐厅工作了10年的最大心得是：了解了日本最高水平的食材。希望充分利用这些高质量的食材，表达西班牙风格的“简单烹饪，简单口味”的烹饪方式。

骏河湾的红虾就是经典代表，让人联想到西班牙特产的大虾的味道，主厨将骏河湾红虾用铁板来烹制。另一方面，将能做成铁板料理的食谱都调整为铁板烧。加上一些创意的餐具，不仅是味道，连烹饪过程也很有趣，很吸引人。客人即使点了很多菜，时间可能会慢一点，但只要看着厨师在烹饪就不会觉得无聊，而站着喝一杯的客人看着也会很兴奋。这种热烈的氛围，源自于西班牙狂欢节。

本多先生在欧洲进修学习的最后4年，用来学习感受西班牙饮食文化。

除了将燃气式铁板围成L形的吧台席之外，还有桌席。铁板料理以使用时令蔬菜的“今日推荐”为主体。也有基本的开胃小菜和主食。

岩盐焗虾

用铁板加热盐时，一般都会盖上铜盖来增加热量。但是这家餐馆是在盐堆上淋酒后点燃来产生更多热量。岩盐上燃烧火焰，使得就餐氛围非常热烈。烹调带壳的海鲜时，要注意保持肉质多汁的特点。

材料

毛缘扇虾 …适量

岩盐、蛋清、阿蒙蒂拉多雪莉酒（熟成型雪莉酒）…各适量

【罗梅斯科酱】*

a
- 番茄 …2 个
- 蒜 …1 瓣

b
- 杏仁（烤过） …25 克
- 榛子（烤过） …25 克
- 干红辣椒（西班牙产，泡水回软）…2 个
- 雪莉酒醋 …20 毫升
- 橄榄油 …100 克
- 盐、黑胡椒碎…各适量

* 将材料 **a** 分别用烤箱烘烤，烤好后与材料 **b** 一起用料理机打成泥。

1 将岩盐与蛋清混合，在铁板的高温区铺厚厚一层，然后把毛缘扇虾腹部朝下放在盐上，用盐掩埋好【A】。用喷火枪烧表面，使盐壳变硬。

2 铁板加热 10 分钟后，将阿蒙蒂拉多雪莉酒淋在盐壳表面【B】，然后用喷火枪点火【C】，使酒燃烧 5 分钟。

3 将盐壳从铁板上铲起，扒开盐堆，取出毛缘扇虾【D】，连壳切成一口大小。

4 盐壳底层有一层锅巴状的盐壳，小心铲入盘中，上面放毛缘扇虾，附上罗梅斯科酱。

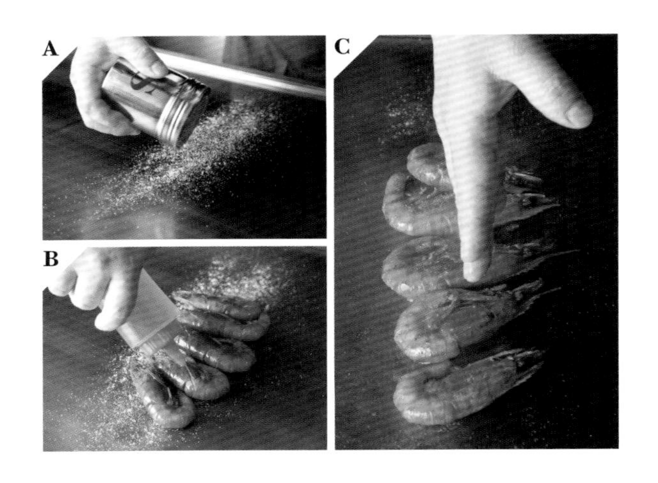

骏河湾红虾铁板烧

铁板烧大虾是流行于西班牙地中海地区的一道代表性料理。在铁板上烹制带壳海鲜时，先将盐直接撒在铁板上烤一下，待盐烤出香气后，再放上食材加热。

材料

红虾
特级初榨橄榄油
海晶盐

【蒜味橄榄油酱】*
蒜（切碎）
意大利香芹（切碎）
橄榄油

* 锅中加入橄榄油和蒜碎一起加热，蒜碎炒至变色后加入意大利香芹碎，熄火。

1. 在铁板的高温区撒上薄薄一层海晶盐【A】，然后把红虾放在盐上（要将虾头放在更热的地方），淋上特级初榨橄榄油【B】，上面也要撒海晶盐。
2. 红虾煎烹到三成熟时翻面，虾头依然放在更热的地方【C】。
3. 待红虾虾肉熟度适中（两面总共2分钟），盛盘。撒点海晶盐，淋上蒜味橄榄油酱增添香气。

酒熏鱼子酱
佐虾布丁

用短暂烟熏的方式让鱼子酱沾上阿蒙蒂拉多雪莉酒的淡淡香气。鱼子酱是高档食材，视觉上也很吸睛。

A

B

材料

鱼子酱（拉脱维亚产）
昆布（用水浸湿后擦干）
阿蒙蒂拉多雪莉酒
薄荷叶

1 烧烤网上铺上昆布，昆布上放鱼子酱。

2 铁板上放圈模，倒入阿蒙蒂拉多雪莉酒【A】，然后把鱼子酱连同烧烤网一起放上来【B】，用酒气烟熏一下鱼子酱（数秒）。把鱼子酱放到虾布丁的上面，点缀薄荷叶。

虾布丁

鱼虾高汤	…250毫升
全蛋	…2个
盐	…适量

【芡汁】
柠檬皮
红椒粉
橄榄油
椰汁
盐、黑胡椒碎
水淀粉（木薯粉）

1 将鱼虾高汤和全蛋混匀，加盐调味，倒入小盅里，入蒸汽烤箱加热。

2 制作芡汁。锅中加入橄榄油，放入柠檬皮和红椒粉拌炒，加入椰汁、盐、黑胡椒碎煮沸，加入水淀粉勾芡。

3 上菜时，将步骤1的食材加热，上面倒入步骤2的芡汁。

酿蟹肉舒芙蕾

用铁板烤的舒芙蕾底部松脆，上面软绵绵的。

材料

【炖螃蟹】

煮熟松叶蟹	…200 克
洋葱（焦糖化）	…50 克
白兰地	…适量
番茄酱	…200 克
鱼高汤	…400 毫升
面包粉、盐	…各适量
色拉油	…适量

【舒芙蕾面糊】

低筋面粉	…250 克
全蛋	…2 个
细砂糖	…10 克
蜂蜜	…10 克
水	…250 毫升
盐	…适量

【酱汁】

煮螃蟹的汁

水淀粉（木薯粉）

盐

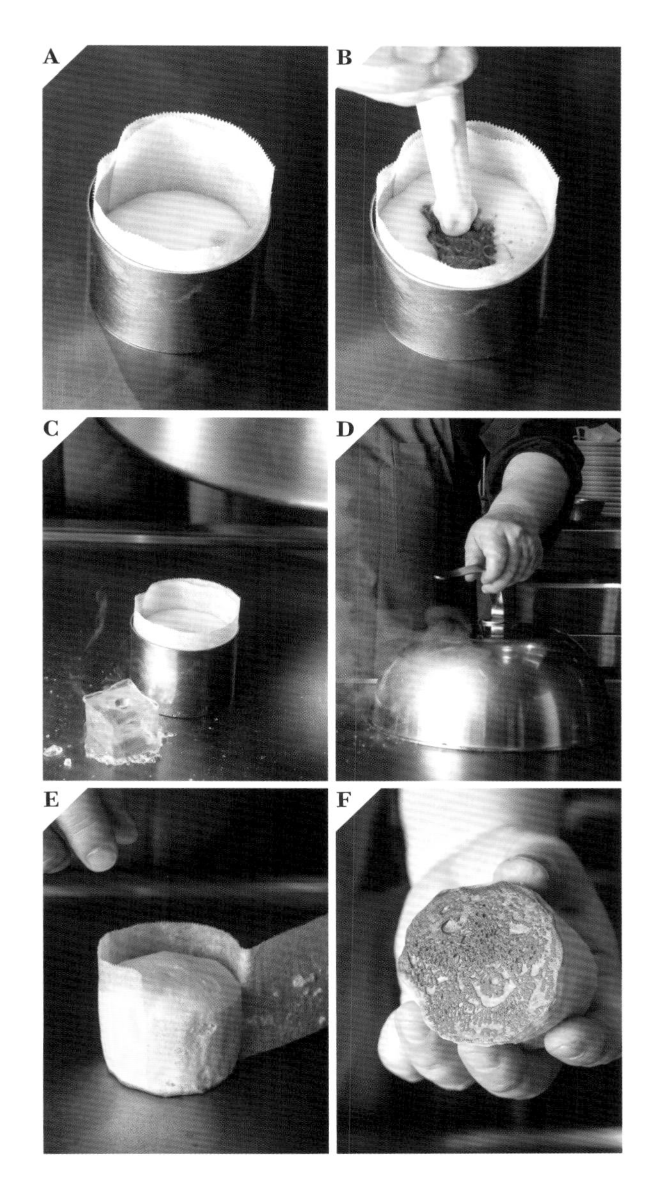

1 炖螃蟹：铁板上放上小锅，加入洋葱，倒入白兰地点火燃烧，熄灭之后，加入番茄酱、鱼高汤煮沸，加入剥好的松叶蟹蟹肉略煮，用面包粉调整浓度，加盐调味。

2 舒芙蕾面糊：全蛋和细砂糖搅拌混合后充分打发，加入蜂蜜、水、过筛的低筋面粉、适量盐搅拌。

3 在铁板的中温区倒入少许油，在圈模（直径 5 厘米、高 3.5 厘米）的内侧围一圈烘焙纸，放在铁板上，倒入舒芙蕾面糊至圈模高度的 2/3 处【A】。

4 舒芙蕾面糊加热定型后（约 2 分钟），放上约 1 汤匙步骤 1 的蟹肉，上面再放舒芙蕾面糊【B】。

5 在圈模的旁边放置冰块【C】，盖上铜盖罩住舒芙蕾和冰块，加热约 5 分钟【D】。

6 等舒芙蕾烤熟膨大松软打开铜盖，取下圈模【E】，可以看到舒芙蕾底部烤得酥脆【F】。

7 舒芙蕾盛盘，煮螃蟹的汁加入水淀粉勾芡，加盐调味，淋在盘中，舒芙蕾上可以依个人喜好放上鱼子酱。

烟熏嫩煎白乌贼

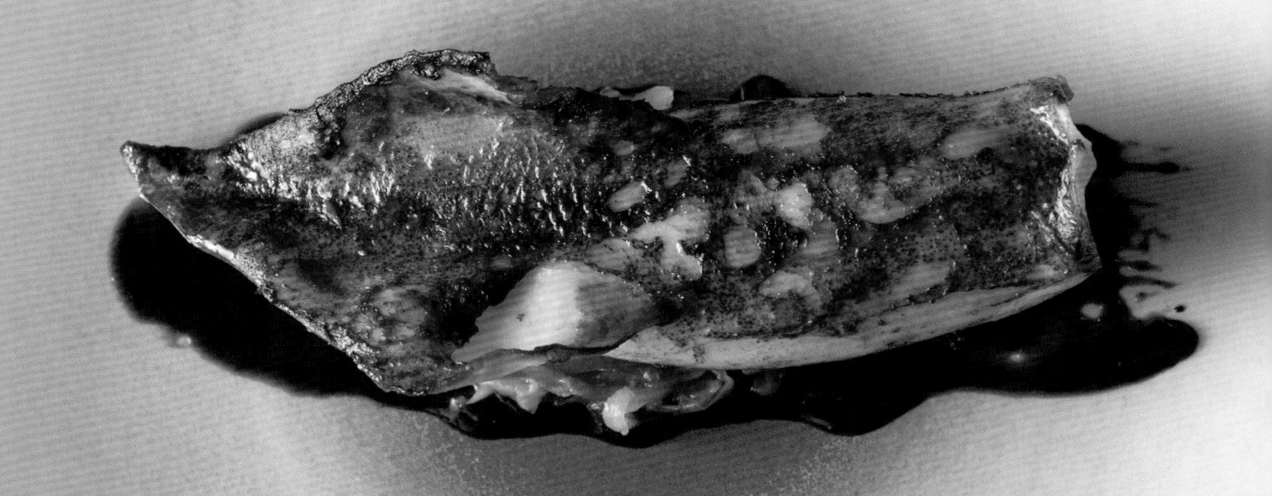

用圈模、烟熏木屑和铜盖，在铁板上实现烟熏轻而易举。客人能看到火焰和烟熏的烟，这种身临其境的参与感也是一种情趣。除了乌贼，也可以换成章鱼或鱿鱼。

材料

小白乌贼
盐、橄榄油

1 小白乌贼（不去外皮）放上盐和橄榄油【A】。

2 小白乌贼上铁板煎上色，翻面，侧面也煎上色【B】，放烧烤网上。

3 煎小白乌贼的同时，将圈模放在铁板上，倒入烟熏木屑【C】，用喷火枪点火【D】，将小白乌贼连同烧烤网放在圈模上，盖上铜盖烟熏 1.5 分钟，使小白乌贼沾上淡淡的烟熏味【E】。

4 乌贼墨酱汁倒在盘子上，再放巴斯克炖甜椒，最后放上小白乌贼。

巴斯克炖甜椒

蒜（压碎）	…2 瓣
洋葱（切片）	…4 头
青椒（切片）	…6 个
红甜椒（罐头）	…200 克

橄榄油、盐、黑胡椒碎…各适量

1 锅中加橄榄油烧热，放入蒜碎炒香，加入洋葱片炒至变透明，加入青椒片、盐，盖上锅盖。

2 煮至食材变软加入红甜椒，然后用盐、黑胡椒碎调味。

乌贼墨酱汁

a	蒜（切碎）	…1 个
	洋葱（切小丁）	…2 个
	青椒（切小丁）	…10 个
b	生火腿的骨头	…15 厘米长
	乌贼的须和碎肉	…500 克
	番茄酱	…500 克
	白酒	…100 毫升
	鱼高汤	…2 升
	乌贼墨汁	…3 大匙
	米	…50 克

橄榄油、盐、黑胡椒碎…各适量

1 锅中加橄榄油烧热，放入材料 **a** 炒香后加入材料 **b** 略煮，加入番茄酱、白酒、鱼高汤、乌贼墨汁和米（勾芡用）一起煮。

2 煮出味道后熄火，去除骨头，倒入料理机中搅打，用盐、黑胡椒碎调味。

煎鹅肝

这道料理的烹饪目标是把鹅肝煎得像豆腐一样软嫩。单靠煎无法达成，在表面煎出漂亮的焦黄色后，加盖焖煎才行，所以旁边要加个冰块来制造水蒸气。

材料

鹅肝（切 2 厘米厚的片）…1 片
盐、黑胡椒碎…各适量
糖煮菠萝（切小方块）…2 块
布里欧修吐司…1 片
海晶盐、黑胡椒碎、粉红胡椒粒…各适量

【菠萝甜酸酱】*
红葱头（切碎）…100 克
橄榄油 适量
a 干型雪莉酒…50 毫升
雪莉酒醋…50 毫升
b 糖煮菠萝…400 克
糖煮菠萝的汤汁…200 克

* 锅中加橄榄油烧热，放入红葱头碎小火炒香，加入材料 **a** 煮沸，加入材料 **b** 煮 5 分钟，倒入料理机中打匀。

1 在铁板的高温区倒油，放上糖煮菠萝块，将 4 面都煎出漂亮的焦黄色，同时煎布里欧修吐司。

2 鹅肝撒上盐、黑胡椒碎，放在铁板的高温区【A】，煎上色后翻面，两面都煎上色后，将厨房纸巾折成四折铺在烧烤网上，再放上鹅肝。

3 将圈模放在铁板上，里面放一块冰块，将鹅肝连同烧烤网都放在圈模上【B】，盖上铜盖，中途若是冰块融化完了就换新冰块，将鹅肝蒸熟。

4 鹅肝熟后取出【C】，盛盘。撒上海晶盐和黑胡椒碎。附上布里欧修吐司和煎菠萝、菠萝甜酸酱，然后撒上粉红胡椒粒。

西多士

西多士是西班牙版本的法国吐司，不使用鸡蛋制作，铁板以其稳定的火力可以把吐司煎得很漂亮。

A
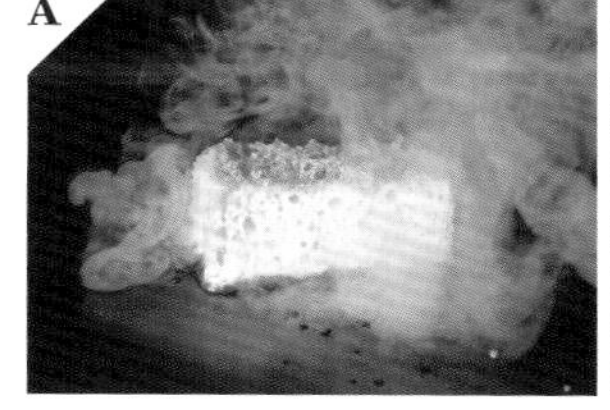

B

材料

布里欧修吐司
牛奶…250 毫升
a 细砂糖…40 克
肉桂…1 根
柠檬皮…适量
柳橙皮…适量
红糖…适量
鲜奶油（乳脂肪含量 35%）…适量
橄榄油…适量

1 将材料 **a** 分次加入牛奶中混合。

2 切开布里欧修吐司，浸泡在步骤 1 的食材中，将吐司撒上红糖，有红糖的一面朝下，放在倒有橄榄油的铁板高温区【A】。吐司上面也撒上红糖，等底部焦糖化后，翻面煎至焦糖化【B】。

3 盛盘，旁边放上打发的鲜奶油蘸食。

高见铁板烧

东京，广尾

竭尽全力开发大阪烧的技术和创造性

吧台座位有 3 块燃气式铁板，可迅速将铁板烧至需要的高温。目前员工共有 10 名。除了 8 个吧位之外，还有两桌 4~5 个位置的餐桌，半包厢、包厢共计 5 桌。

咄咄……厨师用汤匙敲着杯子里的面糊，然后迅速转动杯子，让空气进入面糊，立即倒在铁板上……虽然还在制作过程中，但看起来很好吃的样子，客人的目光都集中在店主高见真克先生的一举一动上。

菜单里除了基本的面食料理外，还像其他餐馆一样，有丰富的时令蔬菜，非常重视蔬菜的料理，在烹制步骤和铁板的使用上都个性十足。对于火候的把握和熟度的判断非常精准。这家独树一帜的餐馆，吸引了国内外的大厨来探秘。如蟹肉可乐饼是将松软的面团用极少量的油来炸制而成，是一种用铁板制作的口感轻盈的可乐饼。知名的高见烧，就是章鱼烧，将面糊倒入特制的框中烧至定型再卷起来，好看又好吃。

高见先生表示："开办一所以周到贴心的服务为主旨的铁板烧学校是我的梦想。"

高见先生在最初就职的大阪烧店"千房"工作时，走进了铁板烧的世界，很快就深陷其中，在铁板烧餐馆积累了经验，2004 年开创了自己的餐馆。虽然他作为富有独创性的铁板烧厨师备受关注，但仍然认为服务才是铁板烧最重要的基础。对于一道料理，更换调味料或配方，可以开发出新品，而且会随着客人的喜好不同来随机应变，有时少放盐，有时会调整成客人喜欢的味道。他认为，不可一成不变，针对客人而变化和对客人的体贴，才是最重要的。

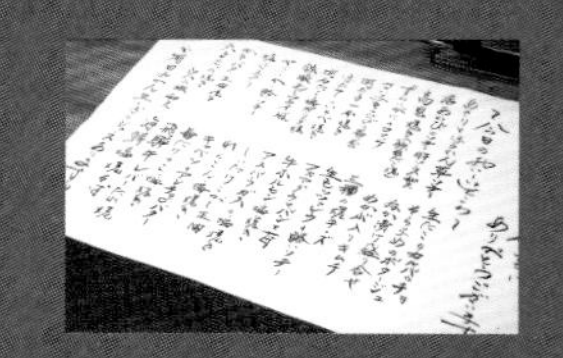

豚玉烧

圆白菜比面糊的分量多一成，使质地保持平衡。搅拌时不要搅出黏性，这样能够充满空气。每次加热 25% 的熟度，翻面 4 次，就能制作出松软的质地。面糊的调配方式和煎法，最终靠的是感觉。多尝试几次才能找到自己理想中的味道。

材料

大阪烧面糊 *

a | 圆白菜（切成细丝）
  | 油炸洋葱酥
  | 全蛋

猪五花肉（切成薄片）
全蛋
菜籽油
猪肥肉

【最后的调味】
大阪烧酱汁
自制蛋黄酱

【装饰食材】
柴鱼片
青海苔
辣酱

* 用低筋面粉、山药泥、盐、昆布柴鱼高汤混合而成。

1　将大阪烧面糊和材料 **a** 放入有把手的杯子中，一手拿着杯子，一手用大阪烧专用汤匙（不要搅拌）用敲打的方式拌匀【A】。最后转动几次杯子，让空气进入面糊。

2　铁板用中火加热，倒上菜籽油，倒入大阪烧面糊煎。放上猪五花肉片，把残留在杯子里的少量面糊刮下来涂抹在瘦肉处（防止瘦肉加热后变硬）【B】，立刻将煎饼翻面，修整四边的形状，用煎铲角在煎饼表面的中心处戳几个洞（让水分挥发掉）【C】。

3　从倒入大阪烧面糊到煎好，要控制在 6~7 分钟内，翻面 4 次【D】。

4　铁板的高温区放上猪肥肉烧熔，打上鸡蛋，搅散蛋黄【E】，把大阪烧猪肉面朝下放在鸡蛋上【F】，转动大阪烧使其均匀地沾上蛋液。

5　鸡蛋液凝固后翻面，将大阪烧酱汁和蛋黄酱倒在上面【G】，用汤匙抹匀【H】，撒上柴鱼片和青海苔，再淋上少许辣酱。

6　放在从铁板延伸出来的保温板上，视客人的人数切分后上桌。

蛤蜊炒圆白菜

这是春季时令菜。厨师炒蛤蜊时，不要错过蛤蜊开壳的时机。这种鲜美的口感用一般锅做不出来，只有铁板才能做到。

材料

蛤蜊
圆白菜（切成大片）
a 特级初榨橄榄油
蒜（磨成泥）
意大利香芹（切碎）
特级初榨橄榄油
柠檬汁

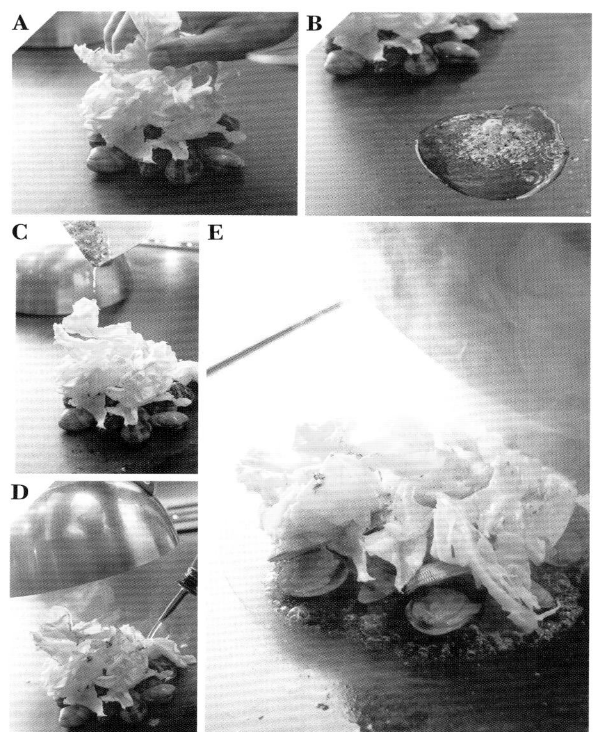

1 用中小火加热铁板，放上蛤蜊和适量圆白菜片【A】。

2 蛤蜊旁边依次放上材料 **a**【B】翻炒成蒜味酱汁。

3 将蒜味酱汁淋在步骤 1 的食材上【C】，淋上少许水后盖上铜盖【D】。

4 焖煎 40~60 秒，等蛤蜊壳略微打开即可打开铜盖【E】，尝尝圆白菜的咸淡后调味，盛盘。

5 淋上少许特级初榨橄榄油和柠檬汁。

蟹肉香菇炸肉饼

肉饼表面裹上一层薄薄的面包粉，煎后香气扑鼻，入口即化，是一直以来的畅销品。

材料

蛋清
煮熟的松叶蟹（剥肉）
香菇（切碎）
三叶芹（切碎）
面包粉（细末）
菜籽油、盐

1 蛋清打发制作成蛋白霜，与松叶蟹肉、香菇碎、三叶芹碎混合，拢成一团，约为掌心大小，并在表面滚上面包粉【A】。

2 用中火加热铁板，多倒一点菜籽油。放上步骤1的食材，用煎铲修整成长方体【B】。左右两侧用煎铲压住免得变形，底面煎上色后，转动90度，依然压住侧面，6个面每面各煎10秒定型【C】。中途要用煎铲把油聚拢在饼周围，把饼移动到油上。

3 将饼放到低温区【D】，再煎1分钟即可。煎饼的过程中，如果有油渗出，要及时翻面，去除油，煎好后撒点盐盛盘。

高见烧

高见烧就是章鱼烧。使用特别定制的带把手的无底铁框，一次可制作 6 个。

材料

明石面糊 *

章鱼（切碎）

a | 红姜碎
油炸洋葱酥
九条葱[一]（切成葱花）

菜籽油

【最后的调味】

高汤酱油

你喜欢的酱汁

自制蛋黄酱

【装饰食材】

柴鱼片

青海苔

* 将低筋面粉、全蛋、昆布柴鱼高汤拌匀而成的稀面糊。

1 用中大火加热铁板，放上特制的铁框，每个框里都倒入多一点的菜籽油【A】，转动铁框让油附在四周的壁上。

2 将明石面糊混合均匀，倒入铁框中，高度至铁框高度的 1/2 处即可【B】。将章鱼碎和材料 **a** 分别放入铁框的两端【C】。立刻将筷子插入面糊和铁框之间绕一周【D】，然后去除铁框。

3 将两只煎铲放在饼的中间位置，一只不动，另一只把每块饼一切为二【E】。

4 将煎铲插入切口中，把每块饼竖起 1/3 折叠起来，有配料的一端在下【F】，再将剩余 1/3 块饼折叠好【G】。

5 将饼单面煎 30 秒【H】，盛盘。一半饼用刷子抹上高汤酱油，另一半则淋上自己喜欢的酱汁和蛋黄酱。两种饼都撒上柴鱼片和青海苔。

[一] 九条葱产于日本京都九条，味道清甜，类似中国香葱。

材料

猪五花肉（切薄片）
圆白菜（切大片）
豆芽
荞麦面
盐、黑胡椒碎

a
- 原创伍斯特酱
- 炸猪排酱
- 辣酱
- 蒜蓉

昆布柴鱼高汤

b
- 伍斯特酱
- 醋
- 盐
- 高汤酱油
- 蒜油
- 炒面酱

c
- 柴鱼片
- 青海苔
- 黑胡椒碎
- 红姜

猪肉荞麦面

使用稍粗一点但口感轻盈的荞麦面。分别加进各种配料，客人能闻到散发的香气。每次加入配料时都要尝味并调整，所以没有固定的配方。

1. 铁板用中火加热，放上猪五花肉片，撒上盐和黑胡椒碎，一面煎上色后翻面，用煎铲切成小块。
2. 煎的过程会流出猪油，把猪五花肉放到猪油上煎。
3. 放上圆白菜片和豆芽煎炒，取 2/3 猪五花肉放在圆白菜片和豆芽上。
4. 铁板上放上荞麦面【A】，与剩余的猪五花肉一起从下往上翻炒，把荞麦面炒熟【B】。
5. 铲起荞麦面，放在步骤 3 的食材上，依次淋上材料 **a**，再加入 40 毫升昆布柴鱼高汤。用煎铲从下往上翻炒，使食材裹匀酱汁【C】。尝味后，用材料 **b** 调味。
6. 将荞麦面和圆白菜、豆芽、猪五花肉移动到没用过的干净的高温区，将荞麦面摊开加热，蒸发掉多余的水分，把荞麦面的表面略微烤焦，味道更香【D】
7. 盛盘后放上材料 **c**。

酱烧海鳗佐山椒凉菜

铁板制作的海鳗与蒸海鳗的口感区别很大，铁板制作的海鳗口感筋道。海鳗煎烹时还裹上了甜味的鱼酱汁，加上山椒的特殊香气，口感完美。

材料

海鳗（治净后剖开，切成一口大小）
味噌渍山椒
鱼酱汁 *
菜籽油
山椒粉

* 将酱油、酒、味淋、砂糖煮至收汁浓缩而成。

1 铁板用中小火加热，将海鳗块皮朝下放在铁板上【A】。味噌渍山椒放在小火区域【B】。

2 将鱼酱汁用绕圈的方式淋在海鳗上【C】，再淋一点菜籽油，当铁板开始出现焦渣时【D】，即可盛盘。

3 将味噌渍山椒也淋少许鱼酱汁，然后放在海鳗上，撒上山椒粉。

煎3种芝士

先用低温把芝士烧熔，再用高温把表面煎焦脆，达到外酥里嫩的口感。也可以用煎好的薄薄的大阪烧，卷上芝士做成像墨西哥塔可一样的食物。

材料

哈瓦蒂芝士
爱尔兰波特切达芝士
卡蒙贝尔芝士
巴萨米可酱 *
黑胡椒碎
特级初榨橄榄油
野生芝麻菜
柠檬汁

* 将巴萨米可醋和蜂蜜混合后煮至收汁浓缩而成。

A

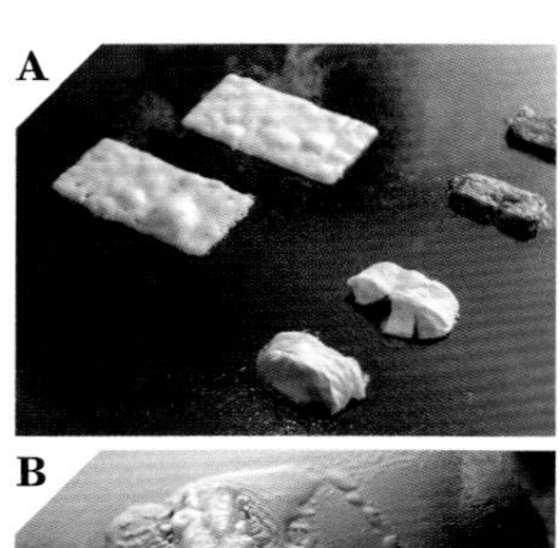

B

C

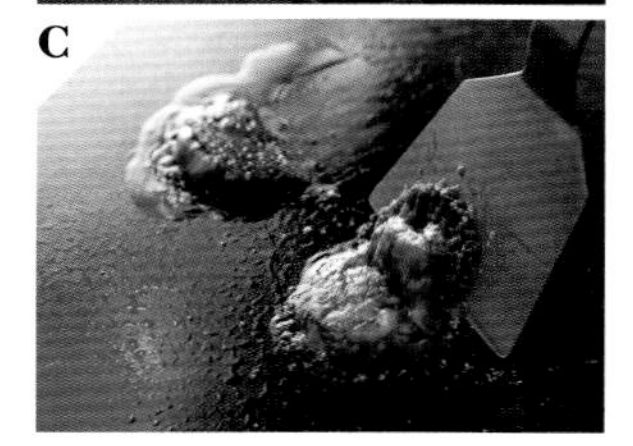

1 铁板用中大火加热，3 种芝士切成适当大小，放在铁板上煎【A】。铁板上放小锅，倒入巴萨米可酱，放在铁板边缘处备用。

2 芝士块底面煎好后，用煎铲把哈瓦蒂芝士从一端卷起来【B】；将卡蒙贝尔芝士翻面；爱尔兰波特切达芝士从中间对折【C】。

3 将 3 种芝士盛盘。在卡蒙贝尔芝士上淋巴萨米可酱。爱尔兰波特切达芝士上撒黑胡椒碎，淋上特级初榨橄榄油。哈瓦蒂芝士上放野生芝麻菜，淋上柠檬汁。

豆沙卷

在饼皮上撒盐，让味道咸甜有度。豆沙馅如果太烫很难入口，所以稍微加热即可。切口是斜的还是直的，都取决于厨师的兴之所至。如果使用的水果换成葡萄，就不用卷了，附在一旁供客人清口。

材料

豆沙馅 …60 克
白玉汤圆（将冷冻品用沸水解冻）…4 个
草莓 …1 个（一切为四）
盐

【抹茶面糊】（按照以下比例混合）
粘米粉 …1 份
低筋面粉 …1 份
糖粉 …半份
抹茶粉 …半份
水 …3 份

1 将豆沙馅和白玉汤圆放在用中小火加热的铁板上。白玉汤圆用喷火枪烤一下【A】。

2 铁板上倒上抹茶面糊，用煎铲抹成长椭圆形薄片【B】。煎 30 秒，小心地翻面，煎 10 秒再次翻面【C】，撒上盐。

3 将豆沙馅放在饼上，然后等距离放上白玉汤圆，在白玉汤圆的中间放上草莓【D】。

4 将饼的长边折起来包好【E】，卷成圆柱体，将 1 只煎铲平放在面皮上，另一只煎铲轻敲平放的煎铲，使馅料和面皮贴合紧密，斜切 4 等份【F】，盛盘。

AU GAMIN DE TOKIO

餐馆

东京，惠比寿

各种招牌料理，铁板烧小酒馆的先驱

2008 年，店主兼主厨的木下威正先生在白金开店（2015 年搬到惠比寿），开创出“铁板烧 + 法式料理”这种融合菜，正是所谓的“铁板烧小酒馆”的先驱。

最初引入铁板，是因为餐馆空间狭小和员工少，但是后来铁板烧用餐时热烈的氛围让人认为这是在“以本能追求美味”。除了铁板烧料理，还有用鹅肝慕斯和南瓜泥为夹馅的巧克力三明治，以及在客人面前萃取日式高汤煮的意大利天使细面等，独特的招牌料理很多。

现在的店铺更加追求身临其境的感觉。三面围绕的铁板烧吧台变成了“舞台”。厨师的动作和接待客人的行为都是看点。铁板料理最受欢迎的是松露蛋卷。客人看见它的样子，闻到它的香气就会说“请来一份”。

现在担任主厨工作的内田健太先生，从开业时就在木下先生的手下磨炼技艺，现在统筹管理 5 家店。

客人喜欢什么，如何提供更贴心的服务，是我经常思考的问题。——内田先生

店内摆有料理台、熔岩石烤炉。

松软的松露玉子烧

这道招牌菜在菜单上写着“特别好吃！”。特色在于制作出最柔软的蛋卷，搭配现刨的松露薄片立即上桌。冬天用黑松露制作。除了口感和香气之外，其浓郁的味道使得客人对其的好评非常多，回购率很高。

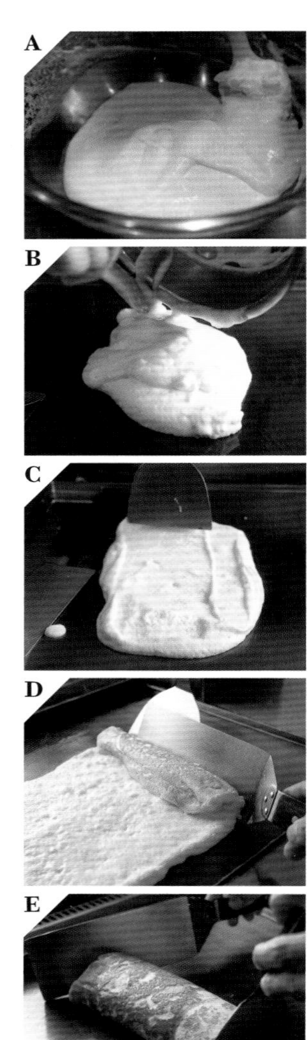

材料

a	全蛋	…1 个
	鲜奶油	…15 克
	芝士粉	…75 克
	盐、黑胡椒碎	…少量
b	蛋清	…1 个
	盐	…少量
黄油		…适量
白松露风味的蜂蜜		…适量

1 将材料 **a** 混匀后，加入用材料 **b** 打发的蛋白霜中，从底往上抄拌【A】。

2 铁板上加入黄油烧熔，加入步骤 1 的食材【B】，用煎铲抹平成长方形【C】。

3 将煎铲插入右端底部，然后用曲吻抹刀从右往左卷【D】。轻轻按压上下左右，调整形状【E】。

4 盛盘，淋上白松露风味的蜂蜜后，刨出松露薄片放在上面，立即上桌。

鹅肝汉堡

能吃出前菜感觉的小汉堡。口味醇厚的鹅肝和牛油果这种西式风味的食材，加上日式的照烧酱汁、山葵、青紫苏，滋味达到完美平衡。

材料

小洋葱（切成圆片）
鹅肝（60 克）
高筋面粉
小餐包
青紫苏（大叶）
黄油、盐、黑胡椒碎
照烧酱 *
牛油果酱 **

* 将酱油、酒、双目糖慢慢煮干水分而成。
** 在牛油果中拌入柠檬汁、蛋黄酱、山葵泥制作而成。

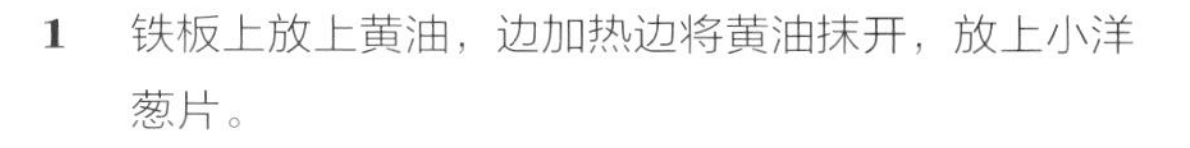

1. 铁板上放上黄油，边加热边将黄油抹开，放上小洋葱片。
2. 在鹅肝上撒盐、黑胡椒碎后滚上高筋面粉，放在铁板上【A】。
3. 洋葱翻面，对半切开的小餐包切面朝下放在铁板上煎。鹅肝翻面【B】。小餐包用喷雾器喷上少许水雾，盖上铜盖煎。
4. 依次将小餐包、青紫苏叶、鹅肝、小洋葱片、照烧酱、牛油果酱、小餐包叠加，放入食品包装纸中，盛盘。

A

B

冰花扇贝煎蛋卷

要煎出冰花片，把面糊倒入圈模后，立刻取下圈模让其流淌即可。放上扇贝，面糊会吸收扇贝的鲜味。

材料

扇贝
高筋面粉
酒
黄油
盐、黑胡椒碎

【冰花面糊】（混合材料）
低筋面粉
色拉油
水

1 扇贝治净，瑶柱撒盐、黑胡椒碎后，滚上高筋面粉。内脏和裙边用酒蒸。

2 铁板上倒色拉油，放上瑶柱煎。圈模放在另一处，倒入冰花面糊【A】后立即取下圈模【B】，放上瑶柱【C】。

3 冰花做好后，连瑶柱一起铲下来【D】，翻面。

4 铁板上放小锅，放入白奶油酱汁。铁板上放黄油烧熔、再放上扇贝的内脏和裙边煎【F】，撒上盐、黑胡椒碎，用煎铲把内脏和裙边切碎，加入小锅中。

5 普罗旺斯炖菜烧熟后盛盘，上面摆放带着冰花的瑶柱，淋上步骤4的食材。

【白奶油酱汁】

a 红葱头（切碎）
白酒
白酒醋

鱼高汤
黄油、鲜奶油、盐、黑胡椒碎

将材料 **a** 煮至快收干汤汁，加入鱼高汤略煮，加入足量黄油搅拌，用鲜奶油、盐、黑胡椒碎调味和调浓度。

【普罗旺斯炖菜】

a 蒜（切碎）
洋葱（切小丁）

番茄（切小丁）

b 茄子（切小丁）
节瓜（切小丁）
青椒（切小丁）
红甜椒、黄甜椒（切小丁）

橄榄油、盐、黑胡椒碎

1 锅中加入橄榄油烧热，放入材料 **a** 炒至洋葱丁变透明，加入番茄丁翻炒。

2 将材料 **b** 分别炒好后加入步骤1的锅中略烧，用盐、黑胡椒碎调味。

T骨夏洛特牛排

主菜是牛排。用比平底锅温度更高、火力更稳定的铁板和既能去脂又能烟熏的烤炉烹制，两种烹饪方式使牛排达到完美状态。

材料

T 骨牛排
盐、黑胡椒碎、黄油
蒜（切碎）
红葱头（切碎）
粗磨黑胡椒碎
荷兰芹（切碎）
炸薯条
野生芝麻菜
芥末子酱

1 提前将 T 骨牛排冷藏 20 分钟，取出，置于常温下。

2 T 骨牛排表面撒盐、黑胡椒碎。铁板上放黄油烧熔，放上 T 骨牛排【A】。煎上色后翻面，两面都煎上色【B】，煎牛排的侧面，带有脂肪的那面也要煎【C】。

3 T 骨牛排移到熔岩石烤炉上，用小火慢慢烤，使油脂渗出【D】。

4 铁板上放黄油烧熔，放上蒜碎翻炒【E】至稍微上色，添加黄油，放入红葱头碎【F】炒匀，加入盐、粗磨黑胡椒碎、荷兰芹碎。

5 将刚炸好的薯条、野生芝麻菜和芥末子酱盛在木盘上，T 骨牛排分切好也放盘里。将步骤 4 的食材舀在 T 骨牛排上。

生胡椒黄油炒饭

用培根＋蛋黄＋芝士＋黑胡椒等制作炒饭。生胡椒碎一边煎香一边捣碎，激发出香气，与培根一起拌炒。正是因为使用铁板才能有此制作方法，加入黄油饭，一气呵成。

材料

培根（切成长条）
生胡椒粒
黄油饭 *
贝沙梅尔酱 **
蛋黄
哥瑞纳帕达诺芝士（磨碎）
粗磨黑胡椒碎
盐
橄榄油

* 用黄油炒米，加入鸡高汤后煮成米饭。

** 将黄油和低筋面粉一起拌炒，少量多次加入牛奶，加入鲜奶油、盐、黑胡椒碎调味和调浓度。

1 在铁板上倒橄榄油，放上培根翻炒。将生胡椒粒放在铁板上【A】，一边煎一边用煎铲压碎，使香气散发出来，与培根一起翻炒【B】。

2 加入黄油饭拌炒【C】，加入盐、粗磨黑胡椒碎调味并聚拢成圆堆【D】，保持形状盛盘。

3 淋上加热的贝沙梅尔酱，放上一个蛋黄，撒上哥瑞纳帕达诺芝士和粗磨黑胡椒碎。

铜锣烧

从开业时期就有的人气甜点。在面糊中加入味淋，能够增添香气和光泽。豆沙馅与咸味焦糖冰淇淋是完美搭配。

材料

豆沙馅
咸味焦糖冰淇淋

【铜锣烧面糊】（混合材料）
铜锣烧预拌粉
味淋
蜂蜜
牛奶
细砂糖

1 在铁板上倒油，舀入铜锣烧面糊，抹成直径 7 厘米的圆形【A】，起泡后翻面略煎【B】。

2 将豆沙馅和咸味焦糖冰淇淋放在两片铜锣烧之间上桌。

青山餐馆

东京，北参道

独创的中式铁板烧

从开业开始，餐馆就因为料理味道正宗地道而受欢迎，其招牌菜是“乌龙茶炒饭”“炸猪排炒时蔬”等。

主打“中式铁板烧”的青山餐馆在青山开业了 18 年，中国菜是“用一个炒锅烹饪一切”，但这家店是不一样的，用铁板来代替炒锅。

中国菜的做法是在炒锅里用油和水混合炒菜，炒出来的豆芽每一根都有味道，而且没有剩下的酱汁。而铁板上的油会四处流淌，水分也不断蒸发。铁板料理，就是按照这个特性开创出来的。

店主兼主厨佐佐木孝昌先生曾是烹制中国上海菜的老手，佐佐木先生在中国的朋友请他吃铁板烧料理，发现“中国菜也有铁板”，被味道所吸引，佐佐木先生抓住了这个契机，创业时选择了 DIY 铁板烧项目。现在，铁板料理占全部品种的 3~4 成，每道菜都是以传统料理为基础，用铁板烹制而成的。

铁板烧料理的特色和优点是：①用很少一点油即可，可以做出清爽的料理，能充分发挥食材本身的味道。②将调味料和煎汁加在食材上，增加香气，突出和食材本身味道的对比。③煎汁中加了淀粉，煎得焦脆加上“滋滋”的声音，令人胃口大开。

不论是清爽的、焦香的、硬脆的，客人都很喜欢。中国料理做得让日本人喜欢吃，这正是餐馆的目标所在。

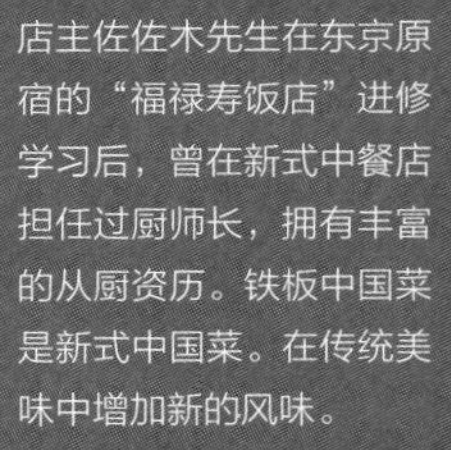

店主佐佐木先生在东京原宿的“福禄寿饭店”进修学习后，曾在新式中餐店担任过厨师长，拥有丰富的从厨资历。铁板中国菜是新式中国菜。在传统美味中增加新的风味。

铁板烧排骨
佐BBQ酱

慢慢地焖煎排骨，然后用多种香料制成调味料来烧烤，用铁板做的比用炒锅制作的用油更少，口味更清爽。

材料

猪肋排 …4~5 根（约 1 千克）
土豆淀粉
茭白
芦笋
红甜椒、黄甜椒

【腌渍酱】（混合材料）
绍酒
酱油、盐
葱、姜

【香料】
香辣酱 …2 大匙
沙茶酱 …1 小匙
豆豉 …1 大匙
花椒 …1 小匙
姜（切碎） …1 小匙
蒜（切碎） …1 小匙

【综合调味料】（混合材料）
生抽
老抽
蚝油
砂糖
鸡清汤
土豆水淀粉
芝麻油

1 将猪肋排放腌渍酱中腌渍几小时以入味。

2 在铁板上倒薄薄一层油，放上猪肋排，底部煎硬后，盖上铜盖焖煎约 20 分钟，中途翻面【A】。

3 猪肋排快要煎好时【B】，在旁边摆放切好的茭白、芦笋、红甜椒、黄甜椒。

4 猪肋排和茭白、芦笋、红甜椒、黄甜椒都煎熟后，铁板上放上所有香料，煎烤出香气【C】，猪肋排和茭白、芦笋、红甜椒、黄甜椒滚上香料【D】。淋上综合调味料【E】拌匀，盛盘。

A

B

C

D

E

龙井风味铁板烧虾

虾的甜味与龙井的香气完美结合，将加入水淀粉勾芡的龙井茶汤煎成锅巴，进一步增加了茶叶的香气。

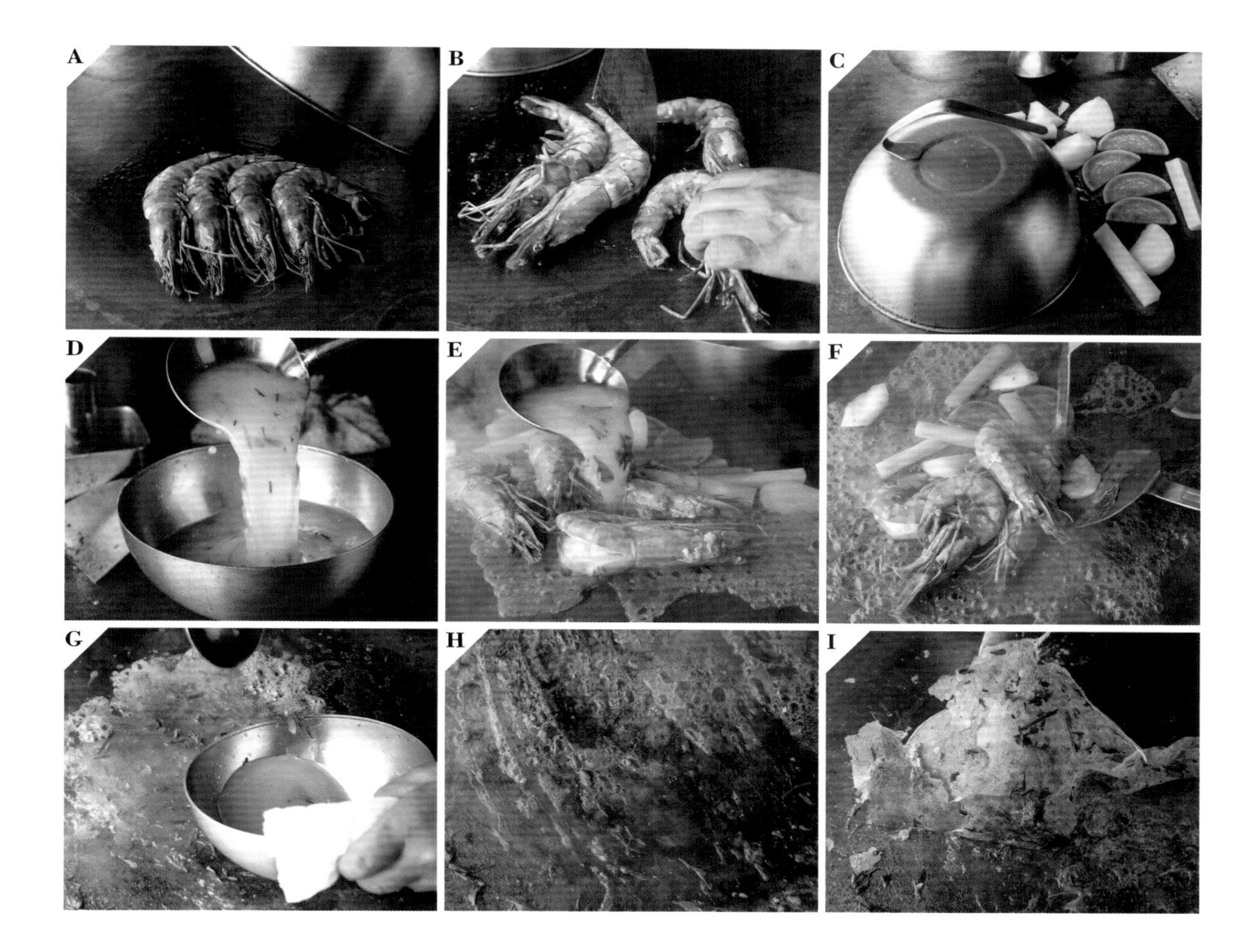

材料

虾（带头带壳，开背去肠）…4只
龙井茶汤…400~500毫升
土豆水淀粉…少量
时令蔬菜（红心萝卜、嫩莴笋、甘薯）…适量（切片）
盐、色拉油…各适量

1 龙井茶汤加入少许盐。

2 在铁板上倒薄薄一层油，放上虾【A】，盖上铜盖，焖煎一会儿，去除铜盖，煎上色后翻面【B】，倒入少许龙井茶汤，再次盖上铜盖。

3 铁板上倒油，放上时令蔬菜煎上色后翻面【C】。

4 将龙井茶汤与土豆水淀粉混匀【D】。虾和时令蔬菜同步煎熟后，浇上200~250毫升的茶汤芡汁【E】，用煎铲翻拌，让茶汤芡汁沾裹在食材上【F】。

5 虾和时令蔬菜盛盘。取200~250毫升茶汤芡汁倒在铁板上剩余的酱汁中【G】，抹开使水分蒸发【H】，煎成酥脆的锅巴【I】，铲在虾上。

金枪鱼下巴铁板烧
佐花椒酱

将金枪鱼下巴用铁板慢慢煎熟，煎得外焦里嫩又多汁，淋上花椒酱，就更加完美了。

材料

金枪鱼下巴（带皮）…约 800 克

【腌渍酱】（混合材料）

绍酒…和要腌渍的材料等量

酱油…少量

盐、花椒、黑胡椒粒、葱、姜…各适量

【花椒酱】（混合材料）

香辣酱

蒜蓉

姜蓉

绍酒、酱油、芝麻油

花椒、朝天椒（干）

【香菜沙拉】（混合材料）

香菜、葱油、盐、芝麻碎

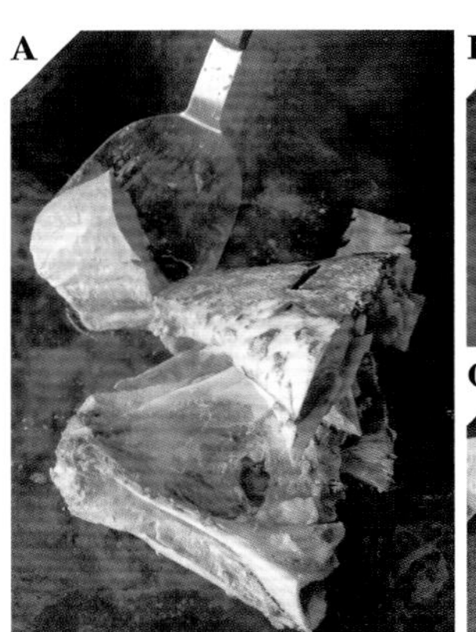

A

B

C

1 将金枪鱼下巴在腌渍酱中浸泡几小时以入味。

2 在铁板上倒薄薄一层油，金枪鱼下巴皮朝下放铁板上【A】，盖上铜盖，焖煎 15~20 分钟【B】。中途翻面，两面都要煎上色。

3 将金枪鱼下巴煎到中间也熟透，盛盘，淋上花椒酱【C】，放上香菜沙拉。

铁板煎饺

单个达 80 克的大饺子，先蒸熟，然后用极少量油在铁板上煎脆，即可吃到外皮香酥、内里柔嫩的煎饺。

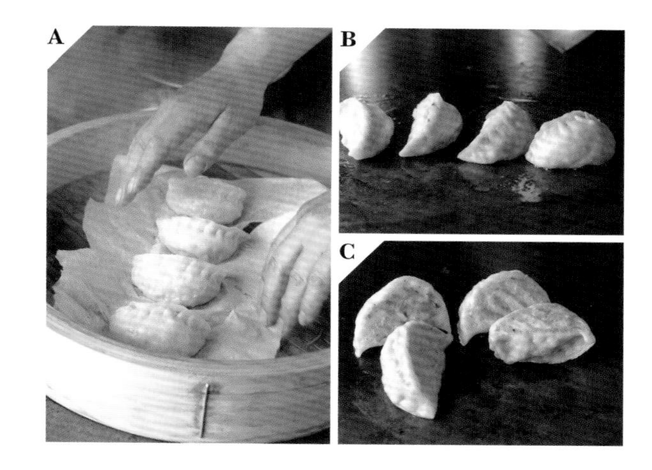

材料

手工饺子（馅料是猪肉、圆白菜、韭菜）

…4 个（每个 80 克）

沙拉（莴笋、胡萝卜等）

【佐料】（混合材料）

酱油

醋

香辣酱

1 把手工饺子蒸熟【A】。

2 在铁板上倒薄薄一层油，将手工饺子放在铁板上【B】。

3 底部煎至焦黄后换侧面也煎至焦黄【C】。

4 将沙拉铺放在盘中，盛入手工饺子，淋上佐料后上桌。

乌龙茶炒饭

铁板炒饭的特点是：用很少的油就能把米饭炒得很香，而且还可做出锅巴。这道料理的最大特色就是茶香突出。

材料

米饭 …300克
乌龙茶（茶汤和茶叶）
葱油
芦笋（去皮后切成一口大小）
盐

1 乌龙茶茶汤过滤，分开茶叶和茶汤，将1/3茶叶粗略切碎，1/3茶叶略微炸一下。茶汤中加入少许盐。

2 余下的1/3茶叶加入米饭中拌匀。在铁板上倒入薄薄一层油，放上茶叶拌饭，淋上150毫升乌龙茶汤【A】，翻炒【B】。

3 将一部分茶叶炒饭用煎铲压平成薄片【C】，淋上葱油，慢慢煎上色并定型后翻面【D】，成为焦脆的锅巴。

4 茶叶铁板上放上芦笋略煎，放上茶叶炒饭，静置一会儿，然后抄拌均匀至干松【E】。

5 茶叶炒饭盛盘，切开锅巴立在炒饭旁边【F】，撒上炸好的茶叶。

炒面

这是中国风味的酱汁炒面。做的时候上下两面都煎烤至硬，而内部还是松软的，和酱汁拌匀即可。煎鸡蛋是应客人的要求制作的。

材料

中式粗面条
细香葱
自制调味酱汁
蛋（分成蛋清和蛋黄）
香菜
红甜椒、黄甜椒（切碎）

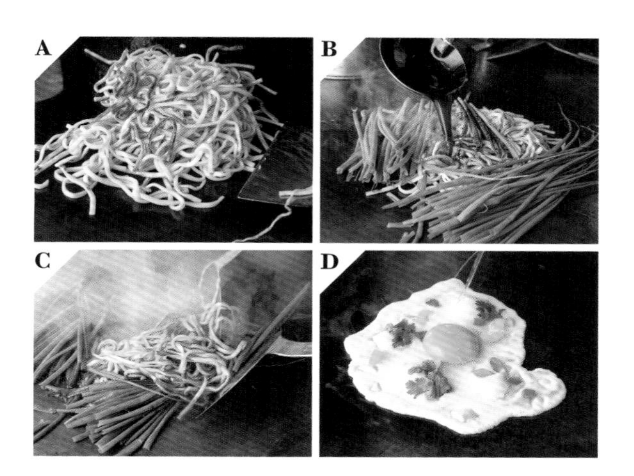

1 在铁板上倒薄薄一层油，放上面条，底部煎上色后翻面【A】，两面都煎硬后加入细香葱、自制调味酱汁【B】，翻炒匀【C】，盛盘。

2 铁板上放上蛋清煎，撒上香菜、红甜椒碎、黄甜椒碎，底部凝固后，将蛋黄放在中心位置【D】，盖上铜盖焖煎。蛋黄略煎后，将整个蛋放在炒面上。

Teppanyaki TAMAYURA

铁板烧

东京，中目黑

拓宽日本铁板烧的烹制范围

店主石原隆司最初的构想是：以实惠的价格供应铁板烧，这是20年前的事了。原先石原先生在美国留学时曾在高级铁板烧店工作过，此经历成为石原先生开创自己的铁板烧店的契机。日本的铁板烧一般都设在高档酒店里，石原先生认为，对于现在的年轻人来说，街道上价格实惠的铁板烧也很有吸引力。

为了开创自己的店，石原先生在连锁酒店的铁板烧餐厅踏踏实实地工作，积累营业和管理等方面的经验，于2019年10月实现了梦想——开设了自己的铁板烧餐馆并亲自为客人服务。

店铺的氛围很休闲，晚餐有鹅肝焦糖布丁、海胆牛肉卷、黑毛和牛的牛排等，提供和高档铁板烧餐馆菜单几乎相同的8种套餐，8800日元（约438元人民币）起。虽然价格很实惠，但与高档铁板烧餐馆一样，都是厨师当着客人的面烹制每一道料理。

现在担任主厨的小松守先生，在名古屋的数家酒店西餐厅工作过，还担任过铁板烧主厨。店内既有西式料理也有日式料理，逐渐打出名气。从当地客人的日常就餐，到年轻一代的节假日饮食，这家店有着广泛的顾客群体。

主餐厅有L型吧台11个座位，2块铁板，里面4座的“主厨的餐桌”铁板烧空间，以及8座的包厢。

口感丝滑的鹅肝焦糖布丁，与铁板料理并列为招牌料理。回头客大多数都是冲着主厨精选套餐来的。

水手风鲜鱼

水手风是用鱼高汤、红葱头、黄油等来烹煮海鲜的料理。为了尽情发挥新鲜度，鱼用铁板煎过后，再略煮一下即可。用时令蔬菜来体现季节感。

材料

白肉鱼块（真鲷等）	…40 克
玉米笋	…1 根
红葱头（切碎）	…半头
蘑菇（切片）	…半个
鱼高汤	…30 毫升
番茄（切小丁）	…1/8 个
青葱（切成葱花）	…适量
黄油	…适量
菜籽油、盐、黑胡椒碎	…各适量

1. 在白肉鱼块上撒盐、黑胡椒碎，带皮的一面多涂点黄油【A】，皮朝下放在 250℃的铁板上煎。
2. 鱼肉那面也涂足量黄油【B】。在鱼肉旁边倒入菜籽油，放上玉米笋煎【C】。
3. 铁板上放小锅，加入黄油烧熔，放入红葱头碎略炒一下，加入蘑菇片翻炒，倒入鱼高汤【D】，略煮后熄火成酱汁。
4. 小锅中放入白肉鱼块（皮朝上），淋上酱汁【E】。
5. 将白肉鱼块和玉米笋盛盘。在小锅中加入番茄丁和青葱花，稍微收干汤汁后淋在白肉鱼块上。

A

B
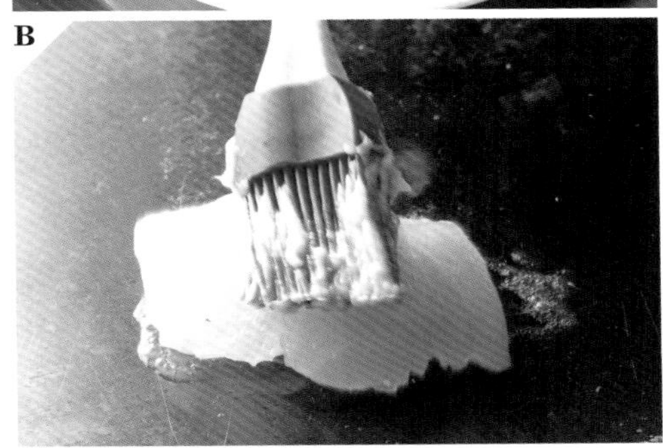
C

D

E
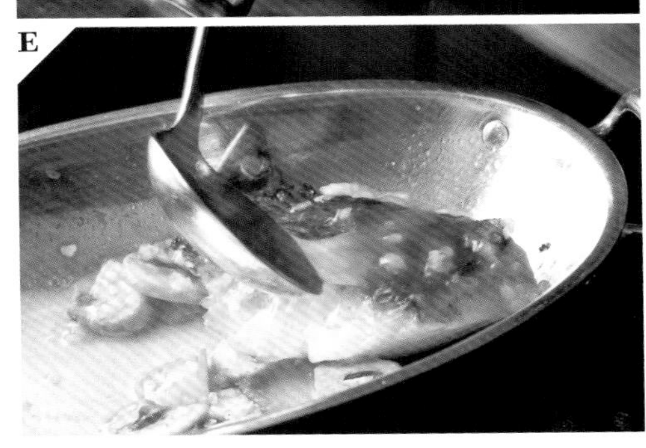

铁板烧凯萨沙拉

明明是沙拉却用铁板来烧？想知道这个秘密，所以点这道料理的女客人有很多。盘子里的所有食材都用铁板烹饪。当场点火燃烧，会让客人情绪高涨。鸡蛋不要直接打在铁板上，从容器中倒出，会显得更优雅。

材料

培根（切成长条）
蘑菇（切片）
罗蔓生菜（切半）
白兰地
全蛋
特级初榨橄榄油、盐、黑胡椒碎
帕马森芝士

【沙拉酱】（按以下比例混合）

蛋黄酱	…1 份
牛奶	…1 份
芝士粉	…半份
柠檬汁	…半份
蒜（磨成泥）	…0.1 份
黑胡椒碎	…适量

1. 铁板烧至 200℃，倒入特级初榨橄榄油，放培根条煎一会儿后，旁边放入蘑菇片煎熟。
2. 罗蔓生菜，放在铁板上，淋上特级初榨橄榄油【A】，洒上白兰地，点火燃烧【B】，切成一口大小【C】，撒上盐、黑胡椒碎后盛盘，放上培根条与蘑菇片。
3. 将全蛋打入容器中，再倒在铁板上，撒上盐【D】，盖上铜盖，将煎铲插入底部，从缝隙中倒入少许水【E】。等蛋黄凝固后，撒黑胡椒碎，放在盘中。
4. 帕马森芝士磨碎后撒上，倒入沙拉酱。

铁板番茄沙拉

番茄加热后，茄红素的吸收率会增至3倍。点火燃烧时，选用味道十分搭的柑橘利口酒，烹好后放在面包上也很好吃。

材料

番茄（去皮）　…1个
蒜蓉　…1小匙
面包片　…4片
君度橙酒　…20毫升
特级初榨橄榄油、松露盐、芝麻菜　…各适量

1. 铁板烧至200℃，倒入特级初榨橄榄油，放上蒜蓉煎上色且散发香气，用两只煎铲配合按压沥油后放在铁板的边缘。
2. 面包片放铁板上两面煎上色。
3. 铁板上倒特级初榨橄榄油，放上番茄后，从上方淋特级初榨橄榄油【A】，洒上君度橙酒并点火燃烧【B】。将番茄切成两半，切面朝下，再切两次，每块1/8大小，撒点松露盐【C】，翻面再煎。
4. 番茄盛盘，放上煎好的蒜蓉，淋上特级初榨橄榄油，附上松露盐、芝麻菜、面包片。

黑毛和牛时蔬炒饭

面向周边工作人员的午餐是 990 日元（约 49 元人民币），包括前菜、汤、小菜、饮料、咖啡等，主菜是用铁板制作的黑毛和牛浇汁炒饭，加入蔬菜和鸡蛋。

材料

黑毛和牛时雨煮 *

a | 洋葱（切小丁）
  | 胡萝卜（切小丁）

时令蔬菜（南瓜、茭白、四季豆、甘长青椒等）

米饭

全蛋

鲜奶油

菜籽油

【芡汁】**（按下列比例混合）

b	昆布柴鱼高汤	…6 份
	味淋	…1 份
	生抽	…1 份

芝麻油、玉米粉 …各适量

* 有马山椒、姜泥、酱油、味淋、砂糖放入锅中加热，加入牛肉的边角肉煮至收汁即成黑毛和牛时雨煮。

** 将材料 **b** 加热使酒精挥发后，淋上芝麻油，加入玉米粉制作的水淀粉勾芡。

1 铁板烧至 200℃，倒上菜籽油，放上材料 **a** 煎，再放上切成一口大小的时令蔬菜煎熟。将做好的黑毛和牛时雨煮放在铁板上加热【A】。

2 将米饭、黑毛和牛时雨煮依次放在材料 **a** 上翻炒【B】，把米饭炒至干松，盛入饭碗抹平后倒扣在盘中。

3 铁板上放上小锅，加入芡汁，加入煎熟的时令蔬菜【C】。

4 全蛋和鲜奶油拌匀。铁板上倒油，倒入蛋液【D】，用煎铲把蛋液往中间归拢【E】，煎至半熟时盛在炒饭上【F】，淋上芡汁。

黑毛和牛煎饭团茶泡饭

用铁板煎的饭团，略带焦色。在套餐的结尾，可选煎饭团茶泡饭或冷面。

材料

米饭

生抽

黑毛和牛时雨煮（参照 158 页黑毛和牛时蔬炒饭）

菜籽油

昆布柴鱼高汤

白芝麻

海苔丝

1 米饭做成饭团，包入黑毛和牛时雨煮。铁板烧至 250℃，倒上菜籽油，放上饭团，两面煎上色【右下图】。

2 铁板上放小锅，倒入昆布柴鱼高汤，用生抽调味，加热。

3 将煎好的饭团盛入碗中，上面摆放山葵泥，倒入昆布柴鱼高汤，撒白芝麻和海苔丝。

鱼翅铁板烧

肉料理用的是黑毛和牛。用日式姜味黄油酱来突显个性。套餐附上 1 片人造鱼翅，单点则是附上 2 片。

A

B

材料

材料（一份套餐）

人造鱼翅	…20 克
姜、葱、高汤	…各适量
粗粒小麦粉	…适量
面包片	…1 片
荷兰芹（切碎）	…适量
乌贼丝（油炸）	…1 小撮
特级初榨橄榄油	…适量

【蘑菇酱】*（19 人份）

蘑菇（切碎）	…1 千克
红葱头（切碎）	…100 克
黄油	…100 克
盐、黑胡椒碎	…各适量

【姜味黄油酱 】**（45 人份）

a	水	…400 毫升
	鲜奶油	…300 克
	澄清鸡汤	…10 克
	姜汁	…30 克
	酒	…20 克
	味淋	…10 克
	生抽	…10 克
	盐	…适量
玉米粉		…适量

* 蘑菇碎和红葱头碎用黄油炒匀后，撒上盐、黑胡椒碎。

** 将材料 **a** 放入锅中，煮至水分快收干，加入玉米粉制作的水淀粉勾芡。

1 将人造鱼翅泡软后，与姜、长葱一起用高汤烹煮，捞出人造鱼翅滚上粗粒小麦粉，蘑菇酱和姜味黄油酱分别装入小锅中备用【A】。

2 铁板烧至 200℃，倒上特级初榨橄榄油，放上人造鱼翅和面包片，分别把两面都煎上色【B】。

3 将蘑菇酱和姜味黄油酱放在铁板上加热。

4 将蘑菇酱盛盘，放上人造鱼翅后，淋上姜味黄油酱，撒上荷兰芹碎，再放上乌贼丝，附上面包片。

山药芝士三明治

作为“前菜，单品料理”提供。可当作下酒轻食。顺便说一下，套餐的牛排下垫着吐司。吃完牛肉后，吐司收回，放在铁板上煎脆，再夹入山药和特制酱汁，制成三明治提供给客人。

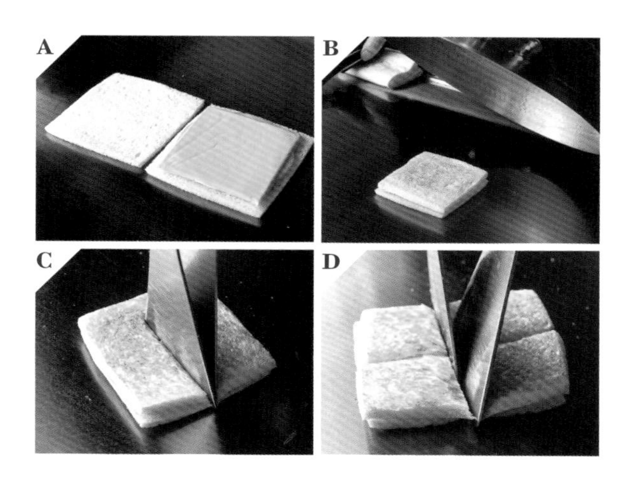

材料（1 盘份）

吐司（去边）	…2 片
切达芝士（切片）	…2 片
火腿（切片）	…1 片

1 把 2 片吐司不加油直接放在 200℃的铁板上干烤，依次把吐司、切达芝士、火腿片、切达芝士、吐司叠好【A】。

2 吐司三明治盖上铜盖煎（中途翻面）【B】。

3 吐司两面都煎上色后，将 2 只煎铲插入吐司的中央【C】，用 1 只煎铲把吐司切成两半，再次一分为二【D】，盛盘。

高丸电气居酒屋

东京，涩谷

铁板让人产生的身临其境以及快速烹制的感觉，符合现代的要求

这家新式居酒屋的铁板利用率高，富有人情味，风格独特，有着大排档的感觉，20~40 多岁的追求潮流的客人，经常光顾。

本店的老板高丸圣次先生，是引领风潮的位于东京惠比寿的餐馆的开创人，这家店是其第二家店。高丸先生想创造出厨房中的氛围，依照这个主题，高丸先生引进了尺寸较小的铁板。他认为：“铁板烧烹制的方法一目了然、身临其境的感觉和快速上菜，符合时代的要求。”

该店有 45 道菜，不到三成是铁板烧。其煎蛋、炒面的独特味道只有这家店才能做出来，因为成为知名料理。

居酒屋的铁板烧，最重要的是简单的料理。做法要简单明确：制作出结果固定的不会出意外情况的料理。

店里的招牌料理之煎蛋，用铁板煎至半熟，整体口感柔软。蛋液和自制酱汁一起煎，味道稳定。店家虽然以铁板为噱头，但是品种却在减少，而把重点放在提高单品的质量和稳定度方面。而且其用时令蔬菜做成的料理和自制的酱汁，是其特有的差异化经营的秘诀。

招牌是一个“气”字的霓虹灯。店铺位于商住两用大楼的 2 层，入口也很难找到。因为隐秘，所以来客多是口口相传而来。

料理台和餐饮的一体感就像路边的大排档，气氛活泼，食材和菜单内容会不断更新。店家的理想是提供客人实惠但质量高的料理。

店老板高丸圣次出生于广岛县。从小就了解铁板，在 2020 年 7 月，试着开创了一家在居酒屋中制作铁板烧的店。

高丸電氣

炒面+猪五花肉+韭菜花

面条用的是人气面条店“开花楼”的特种面条。将粗面条炒得保持筋道，成为既下酒又能当主食的料理。花椒的香气和浓郁的酱汁是点睛之笔。

材料

粗面条	…150 克
自制炒面酱汁 *	…适量
猪五花肉（切薄片）	…40 克
韭菜花（高知产）	…40 克（约 20 根）
花椒碎	…少量
盐、黑胡椒碎	…适量
色拉油	…适量

* 用绍酒、蚝油等混合制成。

1. 粗面条先蒸好（面条先蒸会产生筋道感，而且可缩短烹调时间）。
2. 铁板上倒少许油，放上粗面条炒散，炒出脆硬的口感【A】。
3. 猪五花肉片用铁板炒熟；韭菜花倒入少许水，盖上铜盖焖煎。两种食材都用盐、黑胡椒碎调味【B】。
4. 等粗面条表面变硬，加入自制炒面酱汁【C】炒匀，盛盘，放上猪五花肉片、韭菜花，撒上花椒碎。

炒蛋佐香辣番茄酱+帕马森芝士

这是店里最受欢迎的炒蛋。将和酱汁拌匀的蛋液倒在铁板上，炒至柔软的半熟的程度。搭配含香料的香辣番茄酱，番茄酱可替换为黑醋蚝油酱。

材料

a	全蛋	…40 个
	柴鱼高汤	…适量
	盐	…适量
	砂糖	…适量
帕马森芝士		
荷兰芹碎		

【香辣番茄酱】*

b	小茴香子	…20 克
	芫荽子	…20 克
c	切丁番茄（罐头）	…2550 克
	橄榄油	…30 克
印度综合香料		…少量
盐、油		…各适量

* 锅加油烧热，加入材料 **b** 炒香，加入材料 **c** 略炒，加印度综合香料和盐调味。上桌前，取出需要的分量，放长方形深盘中，再放在铁板上加热。

1 准备蛋液。将材料 **a** 混匀，过滤。

2 将 200 毫升蛋液倒在铁板上【A】翻炒，充入空气，然后从边缘轻轻向中央推【B】，使蛋液成为蓬松的一团【C】【D】。

3 盛盘，浇上足量热的香辣番茄酱，刨帕马森芝士撒在上面，再撒上荷兰芹碎。

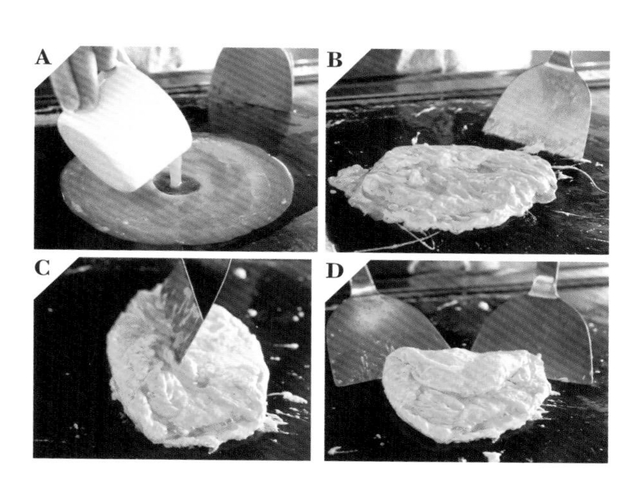

极品金针菇酒盗黄油烧

高知县所生产的“极品金针菇”可以生吃，味道甘甜。这道菜使用一整把金针菇制作，制作时，盖上铜盖焖煎，慢慢加热到中心也熟透。

材料（1盘份）

极品金针菇（高知县产）	…1把
黄油	…适量
鲷鱼酒盗	…适量
a 酱油	
黑胡椒碎	
培根片	…1片
荷兰芹（切碎）	…适量
柠檬块	…1块
色拉油	…适量

1 极品金针菇去除老根。铁板上倒入少许色拉油，整把金针菇放在铁板上，倒入少许水【A】，盖上铜盖焖煎，中途翻面。

2 将鲷鱼酒盗用材料 **a** 调味，和黄油一起放入长方形深盆中，再放在铁板上加热【B】。在旁边煎培根片。

3 打开铜盖，将步骤2的食材用画圆的方式淋在金针菇上【C】，盛盘，放上培根片，撒上荷兰芹碎，附上柠檬块。

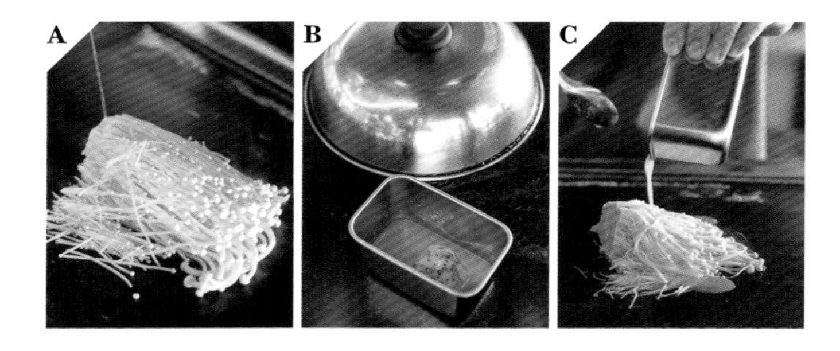

小茴香莲藕炒鸡颈肉

将鸡颈肉慢慢加热，可突出美妙的鸡肉香味。莲藕也慢慢加热，引出甜味。

材料

鸡颈肉	…80 克
莲藕薄片	…60 克
蒜薹（切 2 厘米长的段）	…40 克
小茴香子、小茴香粉	…各适量
酱油酱汁 *	
盐、黑胡椒碎	
葱白丝	
辣椒丝	

* 用酱油、蚝油、芝麻油、蒜、姜、豆瓣酱等混合而成。

A

B

1 鸡颈肉切成一口大小。铁板上多倒一点油，鸡颈肉撒上盐、小茴香子，放在铁板上慢慢加热【A】。

2 同时在铁板上煎莲藕薄片，撒少许盐、黑胡椒碎，煎熟后，把酱油酱汁用画圆的方式淋在莲藕薄片上【B】，加入蒜薹段、鸡颈肉翻炒，撒上小茴香粉，盛盘，放上葱白丝和辣椒丝。

创作铁板粉者

东京，田町

用独特性和性价比占领市场的牛排&大阪烧

本店的经营者铃木雅史先生，名片上印着“铁板王”。铃木先生2013年在千叶县船桥市开设了“创作铁板粉者总店”，目前经营着4家店，他表示：“餐饮业是一个服务他人的工作，服务内容包括味道、价格、视觉、名字，不论在哪里都应该让人开心。”这个信条非常真诚。

粉者餐馆成功的原因，应该在于它价格实惠，味道好吃，适合普通人群。在别的店售价高达数万日元的黑毛和牛牛排套餐，这里只要5000日元（约244元人民币）起。大家梦寐以求的夏多布里昂牛排，100克售价只要4180日元（约204元人民币），几乎和成本持平。而另一方面，在高档餐厅里没有的面食与居酒屋风味的料理也有，这也是一大亮点。店内的“招牌松软烧”其宣传语是“日本最轻盈的大阪烧”，这道菜进行了反复的实验，开创了只煎单面的新风格。

约20名员工几乎都是20多岁的年轻人。为了提高员工铁板烧的技能和进步的动力，公司内部进行资格考试，考试合格后即可独当一面，还能加薪。还以半价的形式提供肉食原料供员工练习，鼓励员工出去创业或在公司内部提升。

31坪（约102.3米^2）38个座位。散座可以隔着吧台给座位上的客人服务，包厢则由工作人员从厨房的小窗提供服务。店长吉田泰助在营业前后反复进行铁板烧的训练，一次通过了铁板烧资格考试。

铃木先生表示，因为铁板烧必须培训煎烤厨师，所以目前准备在日本全国开展铁板烧店的连锁加盟事宜。

招牌松软大阪烧

大阪烧只烤一面，修整成圆形浇上酱汁后，利用余温加热到中心也熟透。放上的鸡蛋也是在铁板上制作的，煎到“液体以上，固体以下”的绝妙状态。

材料

a
- 大阪烧的面糊
- 牛肉松 *
- 圆白菜（切成细丝）
- 全蛋
- 炸面渣

【装饰食材】

全蛋
柴鱼片
大阪烧酱汁
自制蛋黄酱
自制山葵酱
青海苔

* 将牛排的边角肉绞成肉糜，煎熟后与酱油、味淋、砂糖、洋葱一起炖煮。

1 将材料 **a** 放入盆中，用汤匙搅散牛肉松，拌匀充入空气。

2 在铁板的高温区多倒一点油，然后倒入大阪烧面糊【A】，用煎铲归拢面糊，调整成圆形，烧至起泡后逐渐凝固【B】。

3 大阪烧煎熟（约 4 分钟），一切为四【C】，移到低温区。

4 将大阪烧卷成圆柱形【D】。

5 将 4 个大阪烧分别撒上柴鱼片，用挤酱瓶分别挤上大阪烧酱汁和自制蛋黄酱、自制山葵酱，自制山葵酱挤成 2 条线【E】，盛盘。

6 将铁板清理干净，在高温区多倒一点油，打上全蛋，搅散蛋黄，用画旋涡的方式迅速搅拌，同时用另一只煎铲归拢蛋液【F】，煎炒 15 秒，放在大阪烧上面，撒上青海苔，铲入盘中，连煎铲一起垫在盘中。

一匙牡蛎

肉类、面食、时令蔬菜，是餐馆的主营类别，这道菜是少数海鲜料理之一。不使用面粉，而是以高汤山药泥为底，清爽和鲜美的味道和香味则是靠文字烧㊀来呈现。

材料

牡蛎（去壳）
高汤山药泥 *
大阪烧酱
自制蛋黄酱
文字烧仙贝 **
松露油 ***
黄油
低筋面粉

*　将山药磨成泥，加入少许昆布柴鱼高汤搅匀，再加入青海苔。

**　将文字烧的面糊在铁板上摊成薄薄一层后煎熟。

***　将切成小片的白松露放入特级初榨橄榄油中浸泡，使油入味。

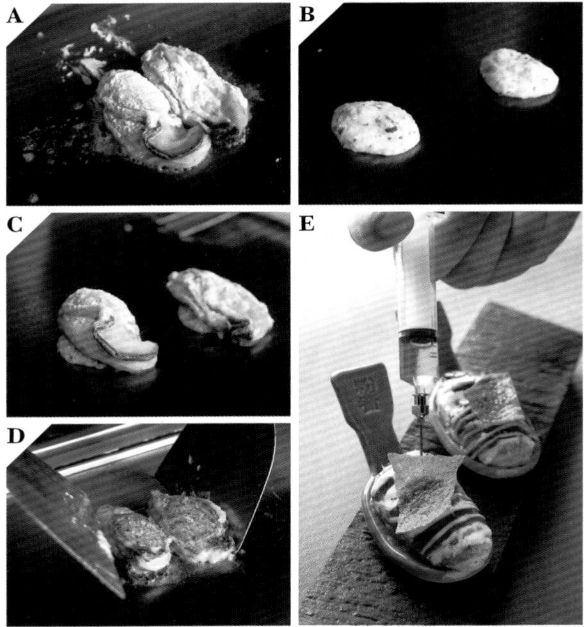

1. 牡蛎两面滚上低筋面粉。黄油放在铁板的中温区烧熔，牡蛎平坦面朝下，放铁板上【A】。
2. 高汤山药泥倒在铁板的高温区【B】，放上牡蛎【C】后煎30秒至山药泥煎硬。
3. 将牡蛎山药泥翻面【D】煎15秒。
4. 用挤酱瓶依次挤上大阪烧酱和自制蛋黄酱，清理掉残留在铁板上的酱，把牡蛎山药泥移到高温区煎15秒。
5. 盛入大汤匙中，将文字烧仙贝掰碎放上。当着客人的面把松露油用注射器注入牡蛎中【E】。

㊀　文字烧是日本关东地区的特色食品，由面粉糊和各种食材混合后浇上铁板上煎烤而成。

店长的小菜

海苔、年糕、生拌牛肉、乌鱼子。将店长喜欢的食物都做成一口大小拼成一盘小菜。季节不同，食材也不尽相同，当作套餐的前菜供应。

材料

薄年糕片
韩国海苔
生拌黑毛和牛肉
芽葱
乌鱼子（冷冻）

1 将薄年糕片放在铁板的高温区，两面都煎上色，小心不要焦煳【A】。

2 将韩国海苔铺在盘中，放上年糕片【B】。

3 将切成一口大小的生拌黑毛和牛肉用喷火枪快速烤一下【C】，放在年糕片上。

4 再放上芽葱，然后撒上现磨的乌鱼子碎。

超级煎洋葱

用铁板也可以做原本需要烤箱制作的料理。盖上大小合适的铜盖，花 30 分钟煎制洋葱，充分激发其甜味，煎出适度的口感与香味。

材料

洋葱
牛骨烧汁
自制山葵酱
油炸洋葱酥
干荷兰芹
黄油、盐、黑胡椒碎

1 洋葱带皮切除上下两端。

2 在铁板的高温区倒上油，放上洋葱，撒上盐、黑胡椒碎，放上黄油【A】，倒点水后盖上铜盖【B】，移到中温区。

3 洋葱焖煎 30 分钟。中途水干了就加水，翻面一次【C】。

4 在盘中倒入牛骨烧汁，放上洋葱。

5 撒上油炸洋葱酥与干荷兰芹。滴上几滴自制山葵酱，用牙签绘出心形。

招牌牛排三明治

用鲜美猪排三明治的烹饪方法，来制作牛排三明治。牛肉不拘泥于品牌或等级，使用能买到的最好的牛肉，用 A4~A7 等级的牛肉更多一些，多加 550 日元（约 27 元人民币）还可以换成夏多布里昂牛排。

材料（1 人份）

黑毛和牛菲力牛排（厚 2~3 厘米）…40~50 克
竹炭吐司 …半片
自制山葵酱
油炸洋葱酥
大阪烧酱
自制蔬菜酱 *

* 将洋葱和胡萝卜搅打成泥，用蛋和油拌匀而成。

1 铁板 260℃的高温区倒上油，放上黑毛和牛菲力牛排，用煎铲把油归拢到牛排底部【A】。

2 黑毛和牛菲力牛排煎 5 分钟，中途翻面 3 次。第一次翻面后，在上面撒盐、黑胡椒碎，第二次翻面后也撒上盐和黑胡椒碎【B】。

3 煎牛排时，把竹炭吐司（一切为二）放在铁板的中温区，煎上色【C】。

4 黑毛和牛菲力牛排煎好时，将表面在铁板上再煎一下，放到砧板上，将侧面切掉薄薄一层，露出里面的红色牛肉。

5 当着客人的面，取一片吐司，将牛排最后煎过的那一面朝下放在盘中，淋上自制山葵酱，再放一片牛排，上面放上油炸洋葱酥【D】，依次淋上大阪烧酱、自制蔬菜酱，最上面盖上吐司即成，吐司煎过的面朝上。

摄影：天方晴子（+影片）、高见尊裕（66~79 页）、越田悟全（96~104 页）
艺术指导：细山田光宣
设计：能城成美（细山田设计事务所）
DTP：横村葵
编辑：渡边由美子　木村真季（柴田书店）

图书在版编目（CIP）数据

主厨笔记. 铁板烧专业教程 / 日本柴田书店编 ; 郑庆娜译. -- 北京 : 机械工业出版社, 2024. 12.
(主厨秘密课堂). -- ISBN 978-7-111-76821-0
Ⅰ. TS972.118
中国国家版本馆CIP数据核字第2024EF6298号

机械工业出版社（北京市百万庄大街22号　邮政编码100037）
策划编辑：范琳娜　卢志林　　责任编辑：范琳娜　卢志林
责任校对：潘　蕊　张　征　　责任印制：任维东
北京瑞禾彩色印刷有限公司印刷
2025年1月第1版第1次印刷
190mm × 260mm · 11印张 · 2插页 · 245千字
标准书号：ISBN 978-7-111-76821-0
定价：88.00元

电话服务
客服电话：010-88361066
010-88379833
010-68326294

网络服务
机　工　官　网：www. cmpbook. com
机　工　官　博：weibo. com/cmp1952
金　　书　　网：www. golden-book. com
机工教育服务网：www. cmpedu. com